水库影响下长江干流水沙环境变化

孙健　张帆一　袁冰　著

清華大学出版社
北　京

内 容 简 介

随着长江流域大型水库及水库群的相继建成和运行，河流干流尤其是中下游水沙条件和动力特征已经或正在发生显著改变，并将对河流-河口水沙系统的主要功能产生影响。本书基于长序列水沙实测数据，结合数学模型计算与理论分析等手段，对三峡工程及上游梯级水库运行引起的河流水体输运时间、干流悬沙浓度时空分布，以及感潮河段水沙动力地貌等关键水沙环境因子及物理过程的调整与改变进行了系统分析，探讨了人类活动作用下的河流-河口水沙系统的动力响应机制，预测了长江三峡水库与中下游水沙过程及其发展趋势。

本书可供从事河流水动力与泥沙运动、河口海岸动力学、长江治理等方面的研究、规划、设计和管理人员及高等院校相关专业的师生参考。

图书在版编目(CIP)数据

水库影响下长江干流水沙环境变化/孙健，张帆一，袁冰著. —北京：清华大学出版社，2022.12

ISBN 978-7-302-62342-7

Ⅰ. ①水… Ⅱ. ①孙… ②张… ③袁… Ⅲ. ①长江流域—含沙水流—研究 Ⅳ. ①TV152

中国版本图书馆 CIP 数据核字(2022)第 256991 号

责任编辑：张占奎
封面设计：陈国熙
责任校对：薄军霞
责任印制：杨　艳

出版发行：清华大学出版社
　　网　　址：http://www.tup.com.cn，http://www.wqbook.com
　　地　　址：北京清华大学学研大厦 A 座　　**邮　　编**：100084
　　社 总 机：010-83470000　　**邮　　购**：010-62786544
　　投稿与读者服务：010-62776969，c-service@tup.tsinghua.edu.cn
　　质量反馈：010-62772015，zhiliang@tup.tsinghua.edu.cn
印 装 者：北京博海升彩色印刷有限公司
经　　销：全国新华书店
开　　本：170mm×240mm　**印　张**：10.5　**字　　数**：206 千字
版　　次：2022 年 12 月第 1 版　**印　　次**：2022 年 12 月第1 次印刷
定　　价：128.00 元

产品编号：098962-01

序

FOREWORD

20 世纪以来，全球范围内大型水库的建设以及人类活动已经或正在改变河流系统动力变化的格局。尤其是流域大型水库群的调控使得库区、下游河道直至河口的水文泥沙动力过程发生显著变化，并进一步影响关键生源物质的分布、输运和循环规律。就我国长江流域而言，随着大型水库建设运行与水库群格局的形成，人类活动作用下的长江水沙环境因子发生变化，这将重塑河流生境，改变基础理化指标、生物化学过程以及水生动植物的生长繁衍，从而对整个生态系统的变化起重要的控制作用。

长江三峡水库等大型水利工程作为大国重器，自蓄水以来在防洪、发电、航运、供水、生态、库区经济社会发展等方面发挥了巨大的效益。同时，近年来受全球气候变化等因素影响，长江流域内极端自然灾害事件呈现趋多、趋频、趋强的态势。新的情势对长江流域以三峡工程为代表的大型水库枢纽群综合效益的发挥提出了更高的要求。其中，对流域水库群作用下河流-河口水沙系统的变化及其响应机制的认识，是科学运行长江流域大型水库枢纽群的关键，也是推动新阶段水利高质量发展和社会经济发展的重要要求。

本书以大型水库群影响下长江干流河流-河口系统的水文泥沙过程变化为研究主线，旨在探明大型水库对河流水沙输运过程的控制作用，预测关键水沙环境因子的长期变化趋势，进而揭示长江干流从三峡水库到河口感潮河段的水流泥沙变化特征、响应机理及其发展趋势。作者以水库运行前后长序列实测数据为基础，以多维多尺度水沙数学模型为工具，结合河流动力学理论和统计分析方法，重点针对三峡工程及上游梯级水库运行引起的河流水体输运时间、干流悬沙浓度时空分布以及感潮河段水沙动力地貌等关键水沙过程的调整进行了系统分析，取得了一些新情势下大型水利工程对河流水沙环境影响评估与预测问题的新认识。

本书研究成果可为优化长江流域大型水库群的运行方式、解决长江大保护的关键水沙科学问题、推进河流生态环境的系统保护提供重要的科学支撑，也能为更好地应对全球气候变化与人类活动共同作用下河流科学管理中的风险挑战提供有益的参考。

中国工程院院士

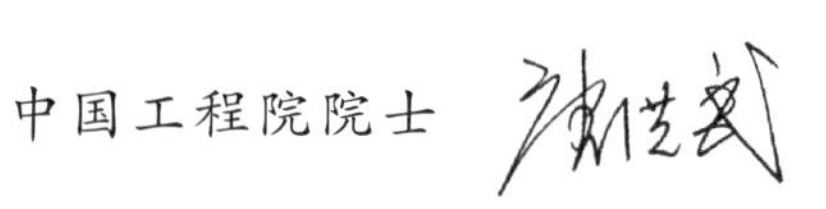

前言

PREFACE

长江是我国第一大河，流域广阔、水系发达，在我国经济社会发展格局中具有重要的战略地位。近20年来，随着流域内诸多大型水库及水库群的相继建成和运行，河流径流与悬沙浓度等基本的水沙环境条件发生了显著的改变。大型水库等人类活动影响下长江水沙环境的变化是一个综合性问题，其中包括河流水流输运作用的改变、悬沙特征的变化以及河口感潮河段的径流-潮汐相互作用、泥沙运动、动力地貌等重要过程的调整，而全球气候变化进一步增加了这一问题的复杂性。水沙环境是影响水生生态环境的重要条件，影响甚至决定着河流的基础理化指标、生物化学过程、水生动植物的生长繁衍，对整个河流生态系统起着重要的调控作用。自2010年以来，三峡工程已按正常蓄水位运行了10余年，上游金沙江梯级水库也陆续投入运行，基于运行过程中的实际情况，针对水沙环境等基础问题进行深入研究是科学保护长江和优化水库调控的重要前提。本书基于长序列水沙实测数据，结合理论分析、模型开发、数值模拟等手段系统性地研究了长江干流从三峡水库到河口感潮河段的水动力过程、悬沙变化特征、响应机理及其发展趋势。研究成果可以丰富和发展人类活动影响对河流-水库-河口系统的水、沙演变规律的认识，同时为长江大保护、长江经济带发展、长三角一体化等国家战略的实施提供重要的科技支撑。本书是在系列项目科研成果的基础上总结提炼而成的，全书共分6章，各章主要内容简述如下：

第1章绪论，主要介绍了本书的研究背景，简述了长江流域与流域内大型水库修建状况，综述分析了国内外相关研究现状与不足，最后提出了本书主要的研究内容。

第2章三峡水库运行对长江干流水体输运时间的影响，建立了长江干流水动力和水龄模型，模拟量化了干流水体输运的时间尺度，评估分析了三峡水库的影响。

第3章水库影响下长江干流悬沙浓度变化分析，基于实测水沙资料重构和半经验半理论分析方法，揭示了长江干流悬沙浓度系统性时空变化特征，建立了干流悬沙浓度预测模型，揭示了未来两湖和长江干流悬沙交换关系及入海悬沙浓度的变化趋势。

第4章长江感潮河段水动力过程及其对水库运行的响应，基于数学模型计算和理论分析，揭示了长江感潮河段季节性分潮传播和流速转向点的多时空尺度变化规律，评估了水库调蓄影响下河道潮波传播和潮流转向的变化特征。

第5章长江感潮河段泥沙输运特征与地貌演变，探讨了长江感潮河段多时间尺度下的泥沙动力特征与地貌演变机制，分析了水库运行对感潮河段泥沙动力地貌的影响，可为感潮河段当前的河道保护治理和中长期规划提供参考。

第6章结语，总结了本书的主要结论，提出了对未来研究的展望。

本书第1章由孙健、张帆一、袁冰、林斌良、萧子钧撰写，第2章由孙健、萧子钧、袁冰撰写，第3章由张帆一、孙健、林斌良撰写，第4章由张帆一、孙健、林斌良撰写，第5章由袁冰、张帆一、孙健撰写，第6章由袁冰、孙健、张帆一、林斌良撰写。全书由孙健、张帆一统稿。

本书成果得到了国家重点研发计划项目课题“大型水库影响下河流水文泥沙动力过程与水沙输运通量变化”(2016YFA0600901)、政府间国际科技创新合作重点专项“应对转型中的河口三角洲”(2016YFE0133700)、水利部推广应用项目“长江中下游冲刷条件下沿江重大涉水工程叠加影响与对策”(Sq221001)、南京水利科学研究院基本科研业务费专项资金青年基金项目“近期长江感潮河段潮波传播特征变化研究”(Y221003)的资助，在此表示诚挚的感谢！

本书编写过程中，得到了武汉大学张小峰教授、夏军强教授，中国海洋大学杨作升教授、王厚杰教授，华东师范大学杨世伦教授、何青教授，南京水利科学研究院夏云峰教高、闻云呈教高的支持和指导，在研究成果评审过程中专家提出了很多有价值的建议，在此一并表示感谢！

限于编写人员的水平，书中疏漏和不妥之处敬请指正。

作　者

2022年8月于北京

目录

CONTENTS

CHAPTER 1

第1章 绪 论

1.1 水库建设与河流水沙环境变化概况

大河流域孕育了人类文明，为现代经济社会发展提供了丰富的物质资源和能源供给。河流是地球生物化学过程发生的关键区域，也是陆地水生态系统中的重要组成部分（Allen et al.，2018）。河流水系连接着陆地和海洋，是两者间物质交换的主要通道，全球的河流每年向海洋输送约 36×10^{12} m^3 的淡水和约 200 亿 t 的泥沙（Syvitski，2003；Milliman et al.，2011）。工农业发展中需要的水资源大部分来源于河流提供的淡水，大型城市也多数都坐落于河流沿岸。为了更好地利用河流的资源和能量，人们不断在流域内修建水库，截至 2022 年全球已建有超过 45 000 座的大型水库（坝高 15 m 以上或水库库容大于 300 万 m^3）。这些水库分布在世界上的主要大河或湖泊上，为全球农业提供了约 30%～40%的灌溉水源，同时为城市提供了约 19%的电力供应（WCD，2000），为人类社会的持续发展提供了重要的支撑作用。

伴随着全球范围内大规模的水库建设，其调蓄作用和拦沙效应已经明显改变了原有河流系统的径流过程和泥沙输运格局，对于大型水库尤为显著。全球和亚洲的水库分别淤积了约 20%和 31%的河流泥沙，许多大河在水库修建后下游输沙量锐减（Syvitski et al.，2005；Walling，2006），并在下游河道发生显著的沿程冲刷等现象（Williams et al.，1984；谢鉴衡，2002）。如非洲的尼罗河和奥兰治河、亚洲的印度河和长江，这些河流当前的输沙量相比建坝前减少了 1/2 以上（Vörösmarty et al.，2003；Yang et al.，2011）。同时，水库调蓄改变了陆地水资源在时间和空间上的分配，影响了河流径流量、水位和水文极值频率分布（Graf，2006；Xu et al.，

2009)。河流上游修建水库产生的影响在经过复杂的沿程调整之后,最终会传递到河口(Hoitink et al.,2016)。入海输沙量的减少不仅会影响河口三角洲、海岸线和河口湿地的地貌(Bird,2008;Kirwan et al.,2013;Syvitski et al.,2009),还会影响沿海区域的水生环境(Jickells,1998)。从系统观点看,在流域大型水库或水库群的运行调蓄下,水库库区、下游河道直至感潮河段的水文、泥沙和动力地貌过程会产生相应的调整,从而对整个河流-河口水沙系统的环境条件和生态功能造成影响。

长江,就其巨大的水沙通量和受水库调控影响的显著程度而言,为研究大型水库运行对河流-河口系统水沙过程的影响规律提供了一个重要的研究对象。长江长约6300 km,为全球第三,入海径流量约9000亿 m^3/a,为全球第四,输沙量约5亿 t/a(按20世纪70年代数据统计结果),为全球第五(Milliman et al.,2011;Yang et al.,2015)。据国家统计局2018年数据,长江干流沿岸建有16个大型城市,合计人口约1.34亿,这些城市的发展和居民的生产生活都与长江息息相关。自20世纪50年代起,长江流域修建了5万余座水库,其中库容超过1亿 m^3 的大型水库约270座,流域总库容约4000亿 m^3(周建军 等,2018)。三峡水库是长江干流上的最大水库,也是目前世界上装机容量最大的水利水电工程。水库从2003年6月开始蓄水运行,2010年10月坝前水位蓄水至175 m的正常蓄水位,按设计水位运行至今已10余年。三峡水库上游金沙江大型梯级水库群中的向家坝和溪洛渡水库分别于2012年和2013年投入运行,乌东德和白鹤滩水库分别于2020年和2021年下闸蓄水。长江流域大型水库群对河流-河口系统水沙过程的影响已经或正在逐步显现(Chen et al.,2016;Zhou et al.,2017;Dai et al.,2018;Guo et al.,2018;Yang et al.,2018;Guo et al.,2019;Sun et al.,2021)。

水库修建对河流系统具有多方面的影响,其中最直接的是对水流的影响。水库运行会引起库区、大坝下游直至河口地区水体输运的变化。对于河流、湖泊或水库等水体而言,水体输运时间尺度与流量、水温等生境要素的季节性协调变化有关,这些生境要素是体现和维持河流生态系统正常节律的基础条件,对生态环境有着至关重要的作用(Kõiv et al.,2011;Tornés et al.,2014;Javaheri et al.,2018;Maavara et al.,2020)。而水库调蓄将显著改变水体输运原有时间尺度的大小和节律变化,进而影响水环境与生态系统。例如,水库蓄水的增加可能导致全球范围内水体老化、水体的流动状态变化、地表水的再氧化等(Humborg et al.,1997a)。在长江流域内,上游大型梯级水库群运行后,河流水体沿程输运时间发生了显著的改变(Sun et al.,2021)。提高对长江水体输运时间尺度的认识不仅有助于研究已建水库运行可能导致的生态环境问题,如水质恶化、局部水华和鱼类种群数量减少等(Gao et al.,2014;Zhou et al. 2015;Long et al.,2016;Huang et al.,2018),也能够为拟建或在建大坝的综合规划和管理策略的制定提供参考。

悬沙运动特征显著改变是水库对河流的另一个显著影响。随着三峡等大型水库的持续修建和运行，长江中下游的悬沙输移量大幅降低，相比于流域水库运行前（1956—1968 年），2013—2015 年的悬沙输移量降低了 77%～97%（Yang et al.，2018）。悬移质泥沙的减少引起长江中下游河道的冲刷，以及干流与湖泊或支流悬沙交换关系的调整。此外，河流悬沙浓度的改变会影响到河流营养物质分布及相关生境条件，如磷元素的吸附与解吸附过程（Froelich，1988；Zhou et al.，2015），悬沙的减少还将通过影响水体的透明度进一步对河流系统的初级生产力和生态环境产生作用（Stefan et al.，1983；Bilotta et al.，2008）。

水库运行引起的泥沙通量变化会对长江下游感潮河段的地形演变产生重要影响，这种影响不仅在短时间尺度上有所反映，还可能延续更长的时间（Williams et al.，1984；Ganju et al.，2010；Luan et al.，2017）。近几十年来，在自然变化、上游减沙和局部工程背景下，感潮河段的泥沙收支平衡和地形演变特征正在发生系统性的调整（Wang et al.，2018）。此外，从中长时间尺度（10～100 年）上看，上游水沙通量和海平面的变化是长江河口区域长期地形演变的重要控制性因素（Bolla et al.，2015）。20 世纪全球海平面的平均上升速度接近 2 mm/a，且上升的速度预期在整个 21 世纪会一直增加（Ablain et al.，2017；Church et al.，2013）。在持续的来沙减少和海平面上升作用下，感潮河段径潮动力与河床地形的调整和再平衡过程将是长江河口区域长期地形演变趋势预测的关键问题之一。

综上所述，大型水库影响下的长江水沙环境的变化是一个综合性问题，其中包括了河流水体输运时间的改变、泥沙输运的变化以及感潮河段在径流-潮汐相互作用下的水沙动力与地形调整等重要过程。截至 2022 年三峡工程已按正常蓄水位运行了 10 余年，上游金沙江梯级水库也陆续投入运行，针对水沙环境等基础问题的深入研究是未来科学管理长江和优化水库运用的重要前提。因此本书基于长序列实测水沙数据、结合数学模型计算与理论分析等手段研究和预测长江中下游水沙动力过程及其变化趋势，研究成果可以揭示人类活动作用下河流-水库-河口系统水沙演变规律，同时为长江大保护、长江经济带、长三角一体化等国家战略的实施提供重要的科技支撑。

1.2 长江流域及水库修建概况

1.2.1 长江流域概况

长江发源于青海省的格拉丹东雪山，干流向东流经 11 个省（区、市）进入东海，全程约 6300 km。作为我国和亚洲的第一大河，其流域面积约 180 万 km^2，流域内人口约 4.5 亿，占我国人口的 1/3，长江经济带是我国经济社会发展的重点区域。

长江流域的整体地势为西北部高而东部低，流域内支流水系众多，根据地理条件的不同长江干流可以分成上游、中游和下游 3 个河段。上游河段从长江源头延伸到宜昌，流域面积约 100 万 km^2。四川宜宾以上的干流河段称为金沙江，全长 3500 km，宜宾以下始称长江。上游北岸依次有雅砻江、岷江、沱江和嘉陵江等重要支流汇入，南岸有乌江汇入。自然状态下长江上游河段为山区河流，河道坡度陡、水流比降大。长江中游河段从宜昌到鄱阳湖口，长度约 950 km，流域面积约 68 万 km^2。中游河流的比降较上游缓，在荆江河段干流通过三口（松滋口、太平口和藕池口）分流进入洞庭湖，洞庭湖出流在城陵矶出口处汇入长江。汉江水系在汉口龙王庙附近汇入长江，鄱阳湖水系在九江湖口处汇入长江。湖口以下为长江下游，长度约 930 km，流域面积约 12 万 km^2（王兆印 等，2009；夏云峰 等，2015），江苏以下江段又称扬子江。长江本意指宜宾—湖口的江段，在现代文献中，长江也常用于指包括金沙江在内的长江干流或整个流域，在英文语境下常将 Yangtze 与 Changjiang 等同，都可以用来表示长江干流或流域。长江流域降水受季风气候影响，径流存在明显的洪季和枯季变化，全年大约 70%的径流集中在 5—10 月的洪季，而枯季只有 30%的径流量。

长江流域及水库概况如图 1-1 所示。

1.2.2 流域大型水库群运行概况

长江流域内至今已修建水库超过 50 000 座，总库容约 4000 亿 m^3，其中库容在 100 万 m^3 以上的水库就超过 200 座，总库容超过 1000 亿 m^3，并且在干支流上还修建有一系列的世界级超大型水库。表 1-1 列出了长江干流和主要支流部分大型水库的关键信息。长江干流上修建的第一个大型水库是葛洲坝水库，总库容为 15.8 亿 m^3，于 1981 年开始运行；第二个大型水库是三峡水库，总库容 393 亿 m^3，于 2003 年开始蓄水。近年来，金沙江下游梯级水库群中 4 个大型水库也陆续开始蓄水运行，其中的向家坝和溪洛渡水库的库容分别为 51.6 亿 m^3 和 126.7 亿 m^3，已于 2012 年和 2013 年陆续投入运行，乌东德和白鹤滩的库容分别为 76 亿 m^3 和 206 亿 m^3，分别于 2020 年和 2021 年下闸蓄水。关于长江流域内大型水库的修建和运行情况可参考相关专著或数据库，本节主要介绍长江干流最关键的水利枢纽三峡工程的运行情况。

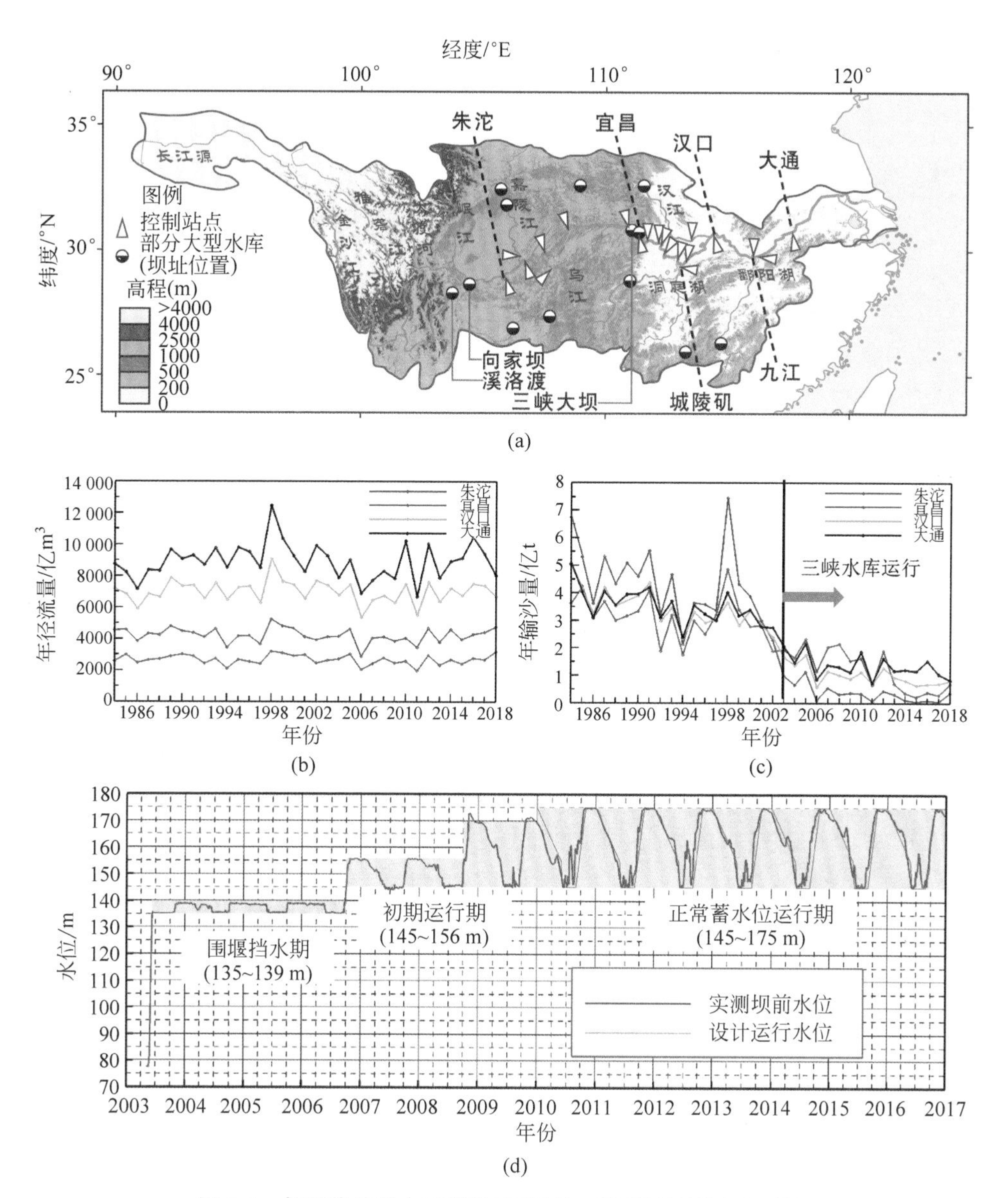

图 1-1 长江流域及水库概况(审图号:GS 京(2023)0586 号)

(a) 长江流域地形和重要水文站点位置;(b) 长江干流重要控制站的年径流量;(c) 长江干流重要控制站的年输沙量;(d) 长江三峡坝前水位的变化

注:图(a)中标注了本研究中收集的长江流域实测水沙数据的控制站点位置,从上游到下游的控制站依次为:朱沱、北碚、寸滩、武隆、清溪场、万县、庙河、宜昌、松滋口(新江口和沙道观)、太平口(弥陀寺)、沙市、藕池口(康家岗和管家铺)、监利、城陵矶、螺山、仙桃、汉口、九江、湖口和大通;图(a)中同时标注了本书中分析提及的流域内干流和支流上的重要水库,水库详细信息见表 1-1。

表 1-1 长江流域干流及主要支流大型水库信息

河流	水库名称	坝高/m	水库长度/km	总库容/亿 m^3	控制流域面积/万 km^2	修建年份
长江干流	葛洲坝	53.8	38	15.8	100.0	1981
	三峡	181.0	663	393.0	100.0	2003
金沙江	向家坝	162.0	200	51.6	45.9	2012
	溪洛渡	285.5	150	126.7	45.4	2013
	乌东德	270.0	200	76.0	40.6	2020
	白鹤滩	289.0	145	206.0	43.0	2021
雅砻江	二滩	240.0	145	57.9	11.6	1998
嘉陵江	宝珠寺	132.0	67	25.5	2.8	1996
	亭子口	116.0	150	41.2	6.1	2013
乌江	洪家渡	179.5	85	45.0	1.0	2004
	构皮滩	232.5	137	64.5	4.3	2009
汉江	安康	128.0	128	32.0	3.6	1989
	丹江口加高	176.6	287	290.5	290.5	2012
洞庭湖	东江	157.0	160	92.7	0.5	1988
	五强溪	87.5	150	42.0	8.4	1994
鄱阳湖	万安	58.0	90	22.1	3.7	1990

注：本研究中相关的长江流域内干流和支流重要水库的信息主要来源于国家能源局大坝安全监察中心网站和文献(张信宝 等,2011；Zhao et al.,2017)。

长江三峡水利枢纽位于长江三峡之一的西陵峡,距离长江口门处约 1800 km,是世界上装机容量最大的水电工程。三峡水库正常蓄水位和防洪限制水位分别为 175 m 和 145 m,对应的水库回水区末端分别在江津和长寿附近,距三峡大坝约 680 km 和 540 km。库区上游干流的入库水文控制站是朱沱站,距离坝址约 756 km；大坝下游的水文控制站为宜昌站,距离坝址约 40 km,如图 1-1(a)所示。从 2003 年开始,三峡水库以分期蓄水的方式逐步蓄水至正常蓄水位。2003 年 6 月,水库合龙蓄水,坝前水位蓄至 135 m,当年汛末蓄至 139 m；2006 年 9 月,水库实行第 2 次蓄水,至 156 m；2008 年 9 月,三峡水库开始首次 175 m 试验性蓄水,当年坝前水位达到 172.8 m；次年汛末,第二次启动试验性蓄水,坝前水位达到 171.43 m；2010 年,第三次启动试验性蓄水,三峡水库首次达到 175 m 正常蓄水位；此后,水库正式进入正常蓄水位运行阶段,即每年汛末蓄水至坝前 175 m 水位,如图 1-1(d)所示。在正常蓄水位运行阶段,三峡水库按照 175—155—145 m 的调度模式进行年内调蓄：汛期(6—9 月),水库按照防洪限制水位 145 m 运行；汛末蓄水期(9—10 月),水位蓄至 175 m 的正常蓄水位；次年 1—5 月,坝前水位从 175 m 的高水位逐步下降至 155 m 左右的汛前水位；在汛期来临之前,水位进一步下降至 145 m 的防洪限制水位。在实际运行过程中,根据上游来水来沙情况,并综合考虑防洪、发电、灌溉、航运等各种需求,水库调蓄方式会进行相应调整。

值得注意的是,虽然长江流域内水库数量众多,总库容量也很大,但是三峡等大型水库陆续投入运行后,干流主要控制站的年径流总量并没有发生明显变化,如图 1-1(b)所示。这主要是因为长江径流量巨大,其多年平均径流量约 9000 亿 m^3/a(以大通入海流量计),流域内水库均为季节性调蓄水库。更重要的是,流域内由于修建水库等原因导致的用水调水增加量与河流径流总量相比较小,因此长江径流量的年际变化并不显著。

与径流量不同,长江泥沙输运状况受水库运行影响非常显著。三峡库区修建后(2003—2017 年)多年平均的泥沙淤积量为 1.15 亿 t/a,约占总来沙量的 80%(郑守仁,2019)。长江的主产沙区之一是三峡水库上游的金沙江流域,随着金沙江下游梯级水库的建设完成,水库群对泥沙的拦截效应也在逐步显现。基于 2013—2016 年实测资料分析,向家坝和溪洛渡两座水库年平均拦沙量占来沙量的 98%,几乎拦截了所有的来沙(秦蕾蕾 等,2019),三峡水库的入库水沙条件也因此发生了重大改变。受长江上游大型水库整体拦沙效应影响,长江中下游的悬沙输移量大幅降低(图 1-1(c)),宜昌的年平均悬沙通量已经由 1950—2002 年的 4.92 亿 t/a 降至 2003—2018 年的 0.36 亿 t/a(李一冰 等,2015)。

1.2.3 长江口与感潮河段概况

从广义上讲,河口包括从潮区界到口门外滨海的地带。长江口一般是指从潮区界的大通站到口门外的水下三角洲的前缘(30～50 m 等深线)之间的水域(沈焕庭 等,2003),如图 1-2(a)(b)所示。从地貌特征上来看,长江口可分为 3 段：近口段指从大通到江阴,受河道控制作用显著,该河段内多出现江心洲河型；河口段指江阴—口门处,河槽分汊多变,徐六泾以下江面逐渐展宽,呈现出三级分汊、四口入海的基本格局,口门处最大宽度约 90 km；口门外海滨段发育有水下三角洲(沈焕庭 等,2001)。长江感潮河段是指潮区界大通—口门之间的长江干流部分,也是本书重点研究对象之一。

长江口属于中等潮汐强度河口,受长江径流与外海潮波相互作用显著。大通站的年平均径流量约 29 000 m^3/s,在枯季 12 月份和洪季 7 月份,平均径流分别为 15 000 m^3/s 和 49 000 m^3/s 左右。口门外的拦门沙地区平均潮差超过 2 m,其中 M_2 分潮起主导作用,潮汐属于正规半日潮。潮波进入口门后,因水深变浅和径流作用发生变形。潮流场在口门外主要运动形式为旋转流。口门内感潮河段水流受

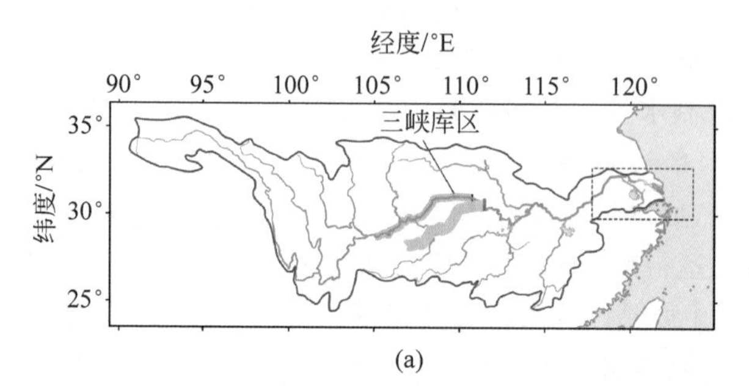

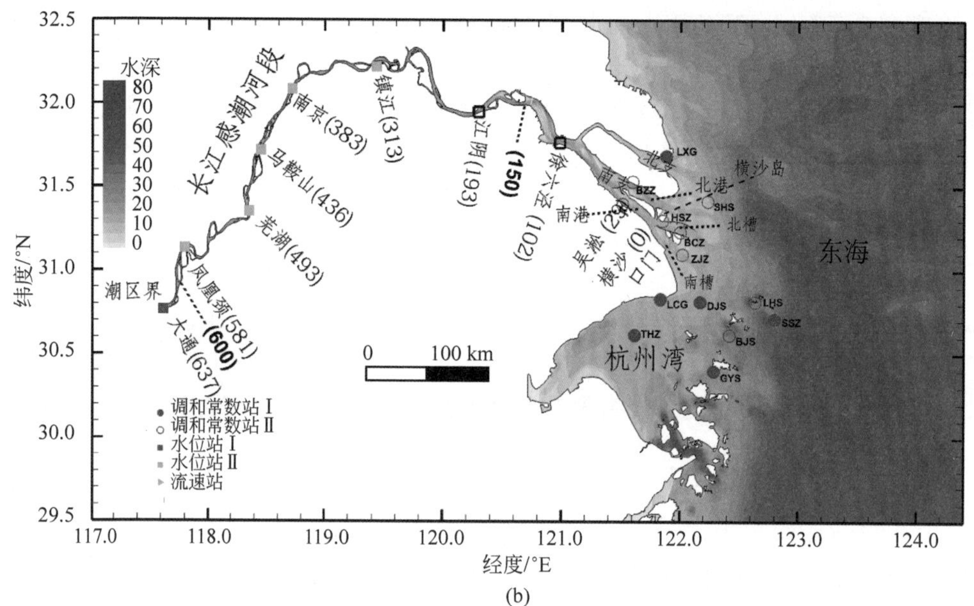

图 1-2 长江流域水系示意图和感潮河段近岸海域地形示意图(审图号：GS 京(2023)0586 号)

(a) 长江流域水系示意图；(b) 长江感潮河段近岸海域地形示意图

注：图(b)中调和常数站Ⅰ代表对实测水位序列进行调和分析以得到各分潮调和常数的站点；调和常数站Ⅱ代表从文献中获得各分潮调和常数值的站点；水位站Ⅰ和Ⅱ分别代表用于模型率定和模型验证的水位站点；流速站从上游往下游依次为站点 Z9，CS1D，Z5，CSWD，CS4D 和 CS5D。

河槽约束作用，潮流界以下主要运动形式为双向往复流，潮流界以上为单向流但存在日内波动现象(沈焕庭 等，2001)。

大通站的年平均悬沙浓度为 0.486 kg/m^3，主要为细颗粒泥沙，悬沙的中值粒径为 0.017 mm。50%的流域来沙在南支口门附近沉积，水下三角洲是主要的泥沙淤积区域。在口门外主要由涨落潮水流往复运动消能，盐水楔异重流对水流结构的改变，以及含沙量分布等多种因素形成了最大浑浊带(陈吉余，2009)。

1.3　国内外研究现状

1.3.1　水库修建对河流水体输运时间的影响

河流通过输运大量淡水、泥沙、营养物质等将陆地和海洋连接起来，在全球物质能量循环中发挥着重要作用，同时为自然界和人类社会提供了重要的资源、能量和环境条件。在河流系统中，水流及其携带的物质从汇入河道到河口入海的输运时间尺度是其物质输运过程的基本度量，也是河流生态系统节律的重要依靠。在自然条件下，流量、水温等基本要素呈现有规律的季节性波动，河流生态系统在漫长的进化过程中演化出与之相适应的自然节律。但是，自 20 世纪 50 年代以来，世界范围内大坝数量显著增加，例如密西西比河、亚马孙河、尼罗河、黄河和长江等大型河流都在密集地进行水库建设(Nilsson et al.,2005)。水库的大规模修建和运行对河流、河口及近岸海域的物质输运过程都有着深远的影响(Milliman et al.,2011)。这些影响不仅改变了生物及非生物物质通量，而且还导致它们的输运过程和时间尺度偏离自然节律。

作为基本时间尺度，滞留时间和水龄是量化水体输运过程的重要指标，两者在概念上具有互补的性质(Takeoka,1984)。水龄，即水体微团的年龄，通常是指该水体微团通过指定边界进入研究区域所经过的时间长度，而滞留时间指研究区域内的水体微团离开该区域所需的时间长度。滞留时间和水龄通常被用来描述湖泊、河口或沿海地区水体输运时间的分布特征(Deleersnijder et al.,2001)。国内外学者通常采用水文数据估算滞留时间，即通过某一水体的体积与流量之比求得，也可称作水力滞留时间(hydraulic residence time,HRT)，在一定条件下可用于反映水体的更新速度(Maavara et al.,2020)。不同水库或者湖泊，水力滞留时间的变化范围从日到年不等(Kõiv et al.,2011; Tornés et al.,2014; Javaheri et al.,2018; Maavara et al.,2020)。需要指出的是，水力滞留时间估算的一个隐含假设是体积和流量两个物理量必须是稳定的，至少需要在水力滞留时间尺度范围内是稳定的。但是，实际情况下水库、湖泊等水体的水位和流量都是不断变化的，不仅存在显著的洪、枯变化，还有不同幅度的短周期波动。因此，如果所研究水体的水力滞留时间尺度较大，其体积或流量发生了较大变化，该水力滞留时间估算值将不能有效描述水体的滞留过程和更新过程。

虽然滞留时间和水龄的概念已经应用于湖泊、水库和河口等水体，但是对大跨度的河流系统，尤其是对大型河流，相关水体输运时间尺度的研究仍然非常缺乏。作为一个连续体，河流的上游和下游即使相隔数千千米，也会通过水体的输运作用连接在一起，因此河流系统上下游之间有着密切的联系，这也充分地反映在水龄和滞留时间等水体输运时间尺度上。当在河流上修建大坝后，在一定程度上会隔断水流，而且将会影响上下游较长的距离，从上游的回水区到大坝下游河段，以及河口与邻近海岸都可能受到不同程度的影响。这些影响包括但不限于水体流动状态的变化（Nilsson et al.，2005）、生物地球化学结构的扰动（Humborg et al.，1997）、下游沉积物减少和三角洲侵蚀（Yang et al.，2011；Alexander et al.，2012；Kondolf et al.，2014）。因此，有必要对大型河流的水体输运时间进行系统研究，分析其沿程分布特征和季节变化规律，尤其是要厘清水库修建等人为干扰对水龄和滞留时间等特征参数的影响。

长江流域修建了大量水库，仅干流与上游的金沙江就有三峡、向家坝、溪洛渡、白鹤滩和乌东德5个世界级大型水库，河流水动力过程受水库调节作用明显，生境条件发生了显著变化。目前关于大坝对河流系统影响的研究中，关注的重点主要是与泥沙相关的主题，如水库淤积泥沙、下游河道侵蚀和三角洲缺沙（Yang et al.，2011；Dai et al.，2013；Dai et al.，2014；Yang et al.，2014；Luo et al.，2017；Guo et al.，2018）。近年来，水库运行导致的生态环境问题也逐渐被重视，如局部水华和鱼类物种减少等（Zhou et al.，2015）。长江受水库调蓄等人类活动影响的规模大、范围广且条件复杂，需要进行综合研究，尤其是针对河流水体长距离输运规律和时间尺度等基本规律进行系统研究。

1.3.2 水库影响河流悬沙输运特征的研究

水库的调蓄改变了河流水量在时空上的分配，其对下游河道的径流节律、水位过程和水文极值频率的改变作用已被广泛认知和研究（Riggs et al.，1990；Avijit，2007）。同时，水库的拦沙效应改变了河流输沙量的分布格局，大型水库下游河流悬沙输移量和悬沙浓度普遍降低。研究表明，一些多沙河流上水库运行后，对于泥沙的拦截率可以高达90%，水库下游的悬沙输运量下降至了极低水平（Vörösmarty et al.，2003）。Avijit（2007）指出，科罗拉多河的输沙量从水库建设开始前的每年1.2亿t减小至水库运行后接近零。在尼罗河上的阿斯旺大坝运行前，坝下41 km处河流洪季悬沙浓度接近5 kg/m^3，水库运行后大坝下游处洪季的悬沙浓度迅速降低至近0.06 kg/m^3（Gasser et al.，1994）。欧应钧等（2014）统计得出汉江丹江口水库修建之后，坝下黄家港站年平均悬沙浓度从1950—1958年的2.18 kg/m^3 下降至1974—1979年的0.03 kg/m^3。水库下游悬沙输移量和悬沙浓度的降低引起了坝下河道冲刷，同时河流的悬沙浓度存在着沿程恢复这一现象（钱宁 等，1987）。随着水库持续运行，下游河道冲刷放缓（Williams et al.，1984），悬沙浓度沿程恢复的过程也随之调整，这种调整与坝下的水量沙量以及河床河岸的泥沙地质条件有关（Brandt，2000）。从现有的研究看，水库下游河道的悬沙恢复过程的模拟和预测仍然是难点。

有学者基于实测水沙数据，对水库运行后实际河道的悬沙恢复过程进行了分析。Williams 等(1984)指出水库下游河道出现了河床下切、床沙粗化和河岸展宽的现象，其中近坝段的泥沙恢复主要来自河床下切，而下游的泥沙恢复更多来自河岸和河滩。卢金友(1996)基于葛洲坝水利枢纽修建后的下游实测水位资料分析认为大坝下游的沿程冲刷在运行 13 年内基本结束，且冲刷距离仅限于坝下 220 km(至藕池口)河段内。陈建国等(2002)通过对三门峡水库修建后坝下实测水沙数据的分析，指出坝下悬沙浓度的恢复距离与流量有关，流量越大恢复距离越长。早在三峡水库进行工程设计阶段，关于三峡大坝运行后下游河道的泥沙输运过程变化的研究已经开展(长江水利委员会，1992)。由于三峡水库蓄水以来上游来沙情况与建坝前的预测条件相差较大，因此对大坝下游悬沙输运过程变化需要有进一步的分析和研究(胡春宏 等，2017)。基于长江干流和主要支流控制站的实测水文泥沙数据，许多研究对三峡水库运行后长江的悬沙输移过程进行了实测数据分析，并取得了一定的研究成果(Dai et al.，2005；府仁寿 等，2005；Xu et al.，2009；Hassan et al.，2010；刘同宦 等，2011；Guo et al.，2012；许全喜 等，2012；杨燕华 等，2013)。针对三峡水库蓄水运行后情况，郭小虎等(2017)根据实测资料分析了坝下不同粒径的悬沙沿程恢复的过程，结果表明，细颗粒($d<0.125$ mm)泥沙含沙量在中游沿程恢复的速度较慢并且恢复水平远低于水库运行前，粗颗粒($d\geqslant 0.125$ mm)泥沙恢复速度较快并基本饱和。Zhang et al.(2017)的研究说明了中游粗颗粒的悬沙能够基本恢复到三峡修建前的状态，但是受洪季流量大小和持续时间的限制，存在恢复能力的上限。杨云平等(2016)基于 1987—2014 年的实测资料分析推断在三峡水库及梯级水库运用后，未来长江下游的河床沙质的冲刷补给不会超过 2003—2007 年的均值水平。以上基于实测资料的研究反映出水库运行后，下游河道冲刷恢复的悬沙输移量不会超过水库运行前的水平，并且悬沙的恢复能力会随着水库运行时间的增加而有所降低，但对于恢复能力的变化规律仍然认识不足。

部分学者基于理论分析，探讨了水库下游悬沙浓度沿程恢复的动力学机理。钱宁等(1987)、谢鉴衡(2002)认为，水库下游含沙量的恢复是由于坝下冲刷后挟沙能力沿程增加，本质原因是越往下游，河床组成越细。韩其为(2003)认为在不考虑水力因素变化的前提下，坝下冲刷粗化引起床沙粒径沿程变细时，悬沙与床沙不断交换引起了挟沙能力的增加和细颗粒泥沙的沿程恢复，并且含沙量在向挟沙能力靠拢的过程中总会维持一定的距离。李义天等(2003)基于丹江口水库修建后的实测数据结合理论分析认为，床沙中冲泻质细沙比例很小使得含沙量沿程恢复不到原来水平。由以上研究可以看出，对于水库运行后下游河道悬沙沿程恢复的机理，虽然有一些理论成果，但是目前并没有形成统一的认识。

随着计算机计算能力的提高和三峡工程建设的实际需要，基于水沙数学模型对水库下游河道冲刷进行的数值计算也得以开展。其中，中国水利水电科学研究院和长江科学院分别进行了三峡水库下游宜昌—大通河段冲刷变化的水沙数学模型研究(长江科学院，2002；中国水利水电科学研究院，2002)。同时，针对大坝下游局部河段的河床冲刷过程，也有较多的数值计算研究(陆永军 等，1993；清华大学，2002；长江航道局和武汉水利电力大学，2002)。当前基于水沙数学模型进行的研究，对泥沙模型中的非均匀挟沙力计算、恢复饱和系数确定、混合层厚度设置等重要问题仍存在认识上的差异。另外，模型计算选取的三峡水库出库流量和含沙量、起始地形等条件也存在区别，所使用的床沙和悬沙级配资料也会与精细的数值模拟要求不匹配。因此，不同研究的模拟结果往往不能统一，甚至会存在较大的差别。比如就近期的研究结果而言，葛华(2010)基于开发的一维非均匀沙模型，计算选取了梯级水库运用后的三峡出库水沙作为坝下河道的未来来沙边界条件，结果显示，三峡水库运行后50年内宜昌—沙市河段累积冲刷泥沙约2.27亿t，平均侵蚀深度约1 m。在赖晓鹤(2018)的研究中，基于SOBEK一维水沙模型，选取了2000—2014年宜昌站的平均来沙条件作为上游边界，得到三峡水库运行后20年内，宜昌—沙市河段的累积冲刷量已达3.9亿t，平均冲刷深度超过2 m。因此，基于数学模型对水库下游实际河道冲刷和悬沙浓度恢复过程进行的模拟计算，仍然需要在数值模拟的关键基础理论上取得一致认可的突破，同时更需要基于完备的实测资料支撑模型的建立，并进行充分的率定和验证，但在实际研究中，泥沙级配等数据资料的相对不足往往成为制约数学模型发挥作用的主要因素。

随着三峡水库运行，下游河流实测水沙数据不断积累，近年来也有研究从实测水沙数据的回归关系出发，建立水库影响下河道悬沙输运过程的预测模型。从悬沙通量的角度出发，Yang等(2014)在总结系列研究成果(Yang et al.，2002，2007，2011)的基础上，统计了三峡水库运行前后干支流主要断面的年平均悬沙通量，针对三峡水库下游河道以汉口为界的两个河段，分别建立了水库运行后各河段悬沙输入与输出量之间以及洞庭湖与干流之间水量沙量交换的回归关系，并对未来入海悬沙通量展开了预测。这种研究从实测水沙数据出发，在宏观上对悬沙输移量的把握比较直接，但是对坝下河道悬沙恢复能力随时间变化过程的考虑不够全面，特别是对水库下游冲刷发展比较剧烈的宜昌—城陵矶河道没有充分考虑河道泥沙恢复能力变化的影响。

总的来看，水库运行后下游河道悬沙恢复过程的模拟是评估水库对河流系统影响的难点。基于数值模型的计算是重要而有效的研究手段，但是其关键理论基础仍未统一，由于泥沙级配等数据资料相对不足及计算条件的差异，计算结果往往也相差较大。基于实测数据的回归模型可以宏观描述悬沙输移量上的变化，但是缺少对坝下关键河段悬沙恢复过程的定量刻画。因此，如何结合泥沙运动的理论原理和实测数据的统计回归方法，合理地模拟和预测河道悬沙恢复能力随时间的变化过程，是一个值得探索的问题。在2012年后，随着溪洛渡和向家坝水电站投入运行，三峡水库入库沙量进一步降低（潘庆燊，2017）。涉及2012年金沙江下游梯级水库运行后水沙过程变化的研究，特别是针对河流悬沙输移过程整体性和系统性的研究，在近几年才开展起来（Yang et al.，2014，2015，2018；Dai et al.，2018；Guo et al.，2018，2019）。Yang等（2015）评价了人类活动和降水量变化对入海泥沙通量降低的相对贡献，从三峡水库蓄水前后各10年的数据看，三峡水库运行对入海输沙量降低的贡献为65%，其余35%的降低可归因于流域降水减少、其他水库修建和水土保持活动等因素。基于2014年前的实测数据，Dai等（2018）分析认为在三峡水库蓄水运行后入海沙量较低时，河口三角洲前缘面临发生侵蚀的风险，在考虑到风暴潮频发以及海平面上升的趋势时更为严重。Yang等（2018）分析了1956—1968年和2013—2015年之间相比长江流域干支流悬沙浓度的总体下降趋势（减少率>70%），结果认为在前大坝建设时代，长江流域悬沙浓度空间分布的“西北高-东南低”的趋势到近期后大坝建设时代发生了改变。Guo等（2019）基于到2017年的数据，分析统计了支流来沙量的变化，结果表明由于洞庭湖三口分沙的大幅下降，长江中下游的湖泊和支流整体上对干流输沙量的贡献由三峡蓄水运行前的平均每年分沙0.31亿t到蓄水后（2003—2017年）保持平均每年汇沙0.29亿t。

以上对长江干流悬沙输运过程变化特征的研究，集中在以河道输沙通量为主要研究对象，结论重在分析下游地形冲淤变化、入海泥沙通量的估算以及河口三角洲的演变趋势，但是直接以河流系统的悬沙浓度作为主要研究对象的研究比较缺乏。然而，悬沙浓度本身作为河流系统重要的状态指标，与生源物质输运、透光度等环境因子直接相关（Bilotta et al.，2008），是河流生态系统中重要的背景参数。因此对于悬沙浓度的系统性研究有助于更好地研究和保护河流的生态环境。此外，从空间分布上看，对长江干流这样的沿程水文泥沙变异性显著、大坝下游河道悬沙恢复过程复杂及有着重要的支流与通江湖泊汇入的大型河流系统而言，悬沙通量的沿程变化并不能代表悬沙浓度的沿程分布。尤其是针对大型湖泊、支流入汇对干流的贡献而言，支流的汇入总是带来了干流水量和泥沙通量的增加，但是却有可能带来干流悬沙浓度的降低。因此，即使在径流量变化不大的前提下，悬沙浓度的时空变化也具有与悬沙通量不同的性质。

综上所述，目前需要从悬沙浓度这一指标出发，对大型水库影响下的长江干流悬沙浓度的时空分布特征进行系统性分析和研究，其中如何合理地模拟和预测大坝下游河道悬沙恢复能力随时间的变化过程，也需要更进一步探索。

1.3.3 感潮河段的水沙运动对水库运行响应的研究

感潮河段是河流和海洋之间存在的一个特殊的过渡河段，属于河口的一部分，受潮汐动力影响。根据学者萨莫伊洛夫(1958)的定义，河口是指从潮区界到口门外三角洲前缘的区域，在本书中感潮河段表示河口区域内从潮区界到入海口门之间的河段。这也是长期以来我国学者沿用的定义，尤其是对于长江口地区(沈焕庭等，2003；Lu et al.，2015；Zhang et al.，2016a)。另外一种关于河口的定义是指盐水和淡水交汇的区域(Pritchard，1967)，此时的感潮河段代表从潮区界到盐度界的范围，与河口的范围互不重叠，这种定义多见于物理海洋学科的一些研究中(Hoitink et al.，2016)。

对于感潮河段而言，河道径流和近海潮汐的相互作用塑造了其独特的水流泥沙运动特性(Sassi et al.，2013；Zhang et al.，2016a)。这种特性对河口系统，尤其是对河口生态过程起到了关键作用，影响到了淡水、盐分和营养盐的输送(Liang et al.，2008；Losada et al.，2017)，以及水生生物的生长环境(Trancart et al.，2012；James et al.，2015)。当前对世界范围内实际感潮河段的研究，主要集中在一些大型河流，包括巴西的亚马孙河(Gallo et al.，2009)，北美洲的哥伦比亚河(Jay et al.，2015，2016)、弗雷泽河(Jay et al.，2003)、圣劳伦斯河(Matte et al.，2014)，中国的珠江(Twigt et al.，2009)和长江(Guo et al.，2014；Zhang et al.，2016b；Zhang et al.，2018)，以及印度尼西亚的贝劳河(Berau River)和马哈坎河(Mahakam River)(Pham et al.，2016)。这些河流入海的径流量和口门处的纳潮量各异，但是都有着长达数十甚至几百千米的感潮河段。在这样长的河段内，由于受到潮汐潮流作用的调制，感潮河段水位随潮的周期性波动和水流的双向流动是其不同于上游河流最大的水动力学特征(Hoitink et al.，2016)。当前，主要的研究还是集中在对感潮河段中水位波动的分析，而对往复流过程中水流转向变化的认识不足，尤其对流速转向的季节性变化以及受上游水库等人类活动影响方面缺乏深入的研究。

目前基于连续完整的实测数据资料对感潮河段全程的水流转向过程开展的研究较少，其中Yang等(2017)在2013—2015年间4月和10月的部分时期对长江感潮河段进行了部分站点的水文泥沙采样工作，积累了研究资料，研究发现了底床沉积物的粒度分布在从单向流到双向流的过渡区域内会有剧烈变化。基于实测数据资料的研究更多的是关注感潮河段部分站点的实测水位数据；或者是研究实际水位过程与径流量及外海潮差的相关关系(Kosuth et al.，2009；Freitas et al.，2012；Jay et al.，2015；樊咏阳，2016)；或者是通过改进的调和分析方法，研究各分潮在感潮河段传播的时空变化规律(Godin，1999；Matte et al.，2014；Guo et al.，

2015)。由于实际感潮河段空间跨度较大,并且在该区域流量及流速随潮变化非常敏感,但是在感潮河段中连续完整的流量流速的测量数据往往比较稀缺,特别是同步的沿程流量分布难以获得,也制约了对感潮河段的水沙运动过程的研究。

Savenije(2001),Horrevoets 等(2004)和 Cai 等(2013,2014)对感潮河段的地形、河宽和水深分布进行概化,基于随潮周期内的水位包络线分析方法建立了潮波潮流在感潮河段中运动的解析模型。Zhang 等(2012)基于模型的计算,研究给出了径流影响下感潮河段潮波传播的沿程分布,也利用实测数据做了部分潮波振幅的验证。但是这类解析模型基于大量的简化和假设概化了实际情况,对径流-潮汐作用下非线性摩擦项也做了潮平均的处理,难以描述复杂感潮河段中流速转向随潮的变化过程。

张金善等(2008)基于建立的水动力学模型模拟了长江感潮河段的潮波演进过程,结果发现,不考虑径流时,感潮河段水位从大通到口门处沿程升高,呈倒比降分布;不考虑潮汐时,水位的比降较原来更大。Lu 等(2015)基于数学模型计算研究了枯季长江江阴站下游到口门外近海海域的分潮分布、潮波衰减和潮波变形的特征,研究表明,在越上游的位置,天文分潮向浅水分潮的能量转移越剧烈。张蔚等(2015)基于数学模型计算了周期性潮波运动对长江口各汊道分流过程的影响。Zhang 等(2016a)利用数学模型计算了长江感潮河段 1 个潮周期内纳潮量和径潮流能量分布的季节变化,结果表明,枯季从口门到感潮河段上游,潮流的控制作用逐渐被径流取代;洪季径流作用基本控制了感潮河段。数学模型的计算可以用来分析大型感潮河段复杂的径流-潮汐相互作用,但是目前尚缺乏对流速转向过程的研究。

Dalrymple 等(2007)在概念上描述了感潮河段从单向流到双向流过渡过程中流速的沿程变化特征,指出单双向流的流态转变可以用流速转向点(current reversal)的概念进行分析,并且流速转向点的分布对区域内的沉积相特性有着重要影响。Freitas 等(2012)基于对亚马孙河感潮河段的研究,进一步指出了流速转向点的重要意义。对于长江感潮河段水流流速转向的过程,现有研究大多还是关注于传统概念中的潮流界的位置。基于感潮河段的实测水位资料和数学模型计算结果,长江潮流界的位置基本确定在南京甚至芜湖以上(宋兰兰,2002;侯成程 等,2013)。同时,以往的研究也建立了各类径流和潮汐条件下,潮流界位置与径流量以及外海潮差之间的相关关系(杨云平 等,2012;路川藤 等,2016;刘鹏飞 等,2018)。潮流界能够反映从口门往上游最远流速转向点的位置,但是在整个感潮河段中复杂的流速转向分布,以及潮波传播导致的双向流动深入到感潮河段上游的运动规律,仍然不够清楚。

大型水库的调蓄运行在月尺度上改变了长江中下游的径流量,从而使感潮河段和近岸海区的水动力环境发生改变(Dai et al.,2013; Qiu et al.,2013)。此外,由于上游大型水库的拦沙效应,感潮河段的来沙条件也发生了巨大的变化,2003—2011年间入海大通站的悬沙浓度较1958—2002年间下降了63%(杨云平 等,2014)。随着感潮河段来流悬沙浓度的大幅降低,以及径流-潮汐相互作用的改变,感潮河段乃至近岸海域的悬沙浓度也会发生相应的变化。近年来关于水库运行对长江感潮河段水沙过程影响的研究刚刚开展起来。

有研究基于模型计算或实测水位数据关注水库影响下的感潮河段潮波传播过程的变化。曹绮欣等(2012)通过计算模拟分析,认为三峡水库调蓄会使得感潮河段枯季潮差减小而蓄水期潮差有所增加。Dai等(2013)统计了1977—1987年和2004—2008年南京站的年平均潮差,认为三峡水库运行后感潮河段河床的下切导致了潮波动力在该区域的增强。Tan等(2016)基于1997—2008年的逐年实测水位的调和分析,统计了三峡水库运行前后感潮河段4个站点分潮振幅的变化,认为三峡水库运行对主要的全日分潮和半日分潮振幅没有影响。袁小婷等(2019)统计了1976—2019年的大通站、芜湖站和南京站实测水位数据,指出近年来大通—南京河段各月平均潮差和年平均主要分潮振幅增加,并且这种潮动力的增加与地形冲刷有关。

还有研究关注水库运行前后感潮河段悬沙浓度的变化,但是目前针对悬沙浓度变化的研究大多局限在从年平均或洪枯季平均的尺度上对个别站点进行分析。Dai等(2013)基于1999年、2000年和2006年的实测悬沙浓度资料指出,三峡水库蓄水后长江口门处横沙站悬沙浓度变化不明显。杨云平等(2014)基于徐六泾站(口门上游约100 km处)1958—2009年间部分年份的实测悬沙浓度数据,统计得到三峡水库蓄水运行后站点悬沙浓度减幅约达56%,长江口近岸海域的测站减幅在30%左右。刘帅等(2019)分析了2003—2017年间徐六泾站的悬沙浓度数据,结果表明在近15年中,在洪季和枯季站点的表层悬沙浓度均有50%左右的降幅。韩玉芳等(2019)统计了徐六泾站1984—2015年间洪季涨落潮平均悬沙浓度,结果表明2003年后悬沙浓度的降低值在50%左右。从现有的研究结果可以看出,三峡水库及金沙江梯级水库运行后,大通站和徐六泾站悬沙浓度都有所下降,并且徐六泾站的悬沙浓度更低。但是,目前的研究对于水库运行后整个感潮河段中悬沙浓度的变幅及其沿程分布仍不清楚。同时,由于三峡水库的蓄水期是在洪枯季交界的9、10月份,因此仅从洪枯季典型月份或平均水平进行研究并不足以体现水库年内不同时期调蓄作用的影响。

综上所述,目前对于感潮河段径流-潮汐相互作用下的流速转向过程这一最基本动力过程的研究不够充分,在长江感潮河段等大型感潮河段中,对于涨落潮过程中的流速转向点具体的数目和位置,产生和移动规律等方面的深入研究还比较缺乏。另一方面,目前关于上游水库运行对长江感潮河段水沙过程影响的研究,主要还是集中在年平均和洪枯季平均的尺度上,且仅关注于个别站位,尚缺乏对年内水库调蓄运行的不同阶段的研究,特别是蓄水期的感潮河段全程悬沙浓度变化的研究。

1.3.4 水库作用下感潮河段地貌演变研究

水库作用下,感潮河段水沙运动的响应不仅局限于年内,在中长时间尺度(10～100 年)上也会有所体现,相应的河段地貌也会发生改变,进而影响入海泥沙通量及近海地貌。为理解过去几十年及将来河流泥沙通量的减少对沿海区域的影响,一个很重要的前提是量化入海泥沙通量。目前多数研究(Milliman et al.,2011)对于入海泥沙通量的估算是依据河流最下游处不受潮汐影响的观测站(一般在潮区界附近)的数据。然而,许多河流最下游的观测站距河口口门仍有数百千米,如亚马孙河、布拉马普特拉河和长江(Meade,1996)。最近有一些研究者研究了河流最下游观测站以下河段的多年泥沙收支平衡。其中 Ralston 等(2017)和 Wang 等(2018)的研究分别显示,2004—2015 年期间哈德逊河一段超过 100 km 的感潮河段和 1992—2013 年期间密西西比河最下游 500 km 处沉积了大量的上游来沙(分别为 40%和 70%)。1998—2013 年间长江的感潮河段发生了侵蚀(Zheng et al.,2018a; 2018b)。除上述进展外,对许多河流而言,过去数十年感潮河段中的冲淤情形仍需进一步研究。

对长江而言,长江流域泥沙通量的减少导致了三峡大坝下游的河道及河口水下三角洲发生侵蚀(Dai et al.,2013; Lyu et al.,2019; Yang et al.,2011; Yang et al.,2014; Guo et al.,2018)。现有研究主要关注的是大通上游的河段或者是徐六泾下游的口门区。Wang 等(2019)分析了 1963—2003 年期间江苏河段(马鞍山—徐六泾,见图 1-3)的冲淤情况,发现该河段由 20 世纪 80 年代之前的淤积变成冲刷,并将其归因于河流泥沙通量的减少。不过,三峡大坝开始运行后该河段如何变化目前认识不多。Zheng 等(2018a,2018b)的工作也无法对比三峡前后长江感潮河段的地貌变化特征,因为只用到了 1998 年和 2013 年的地形数据。除了对长江感潮河段近几十年泥沙收支平衡的研究有限外,对该区域当地的地貌特征变化的研究也不足。已有研究或将关注的重点放在感潮河段的一小段,或是研究的时间尺度相对较短。Dai 等(2013)的研究表明,1998—2006 年间感潮河段的南京附近,深泓线在垂向的变化在−1 m 范围内。Zheng 等(2018b)的研究表明,1998—2013 年间长江最下游 565 km 段的平均地形降低了 1.2 m,其中最大的侵蚀发生在感潮河段的下游河段。

上游泥沙通量的变化,对下游区域地貌特征的影响不仅会作用在 10 年尺度

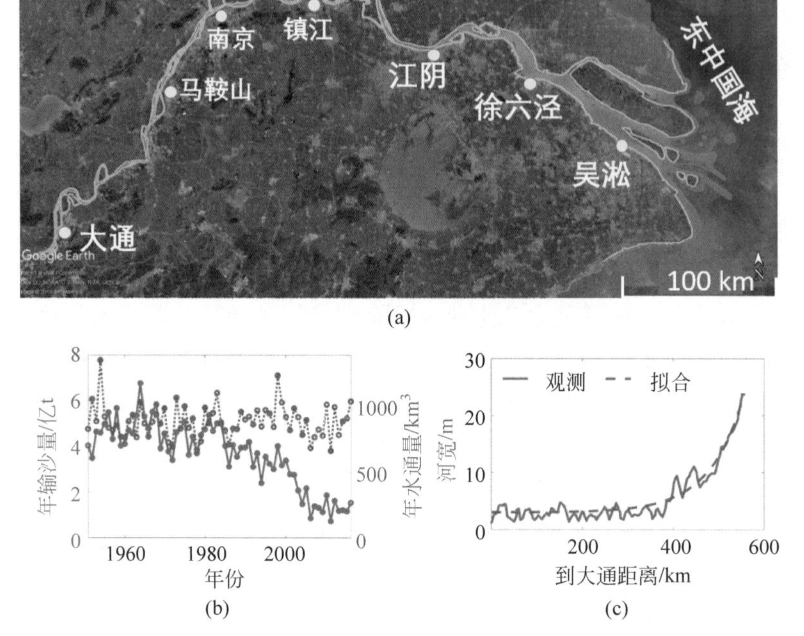

图 1-3 长江感潮河段沿程河宽变化(审图号：GS 京(2023)0586 号)

(a) 长江口感潮河段区位；(b) 大通年水沙通量；(c) 大通以下河道河宽

注：图(a)背景图来自谷歌地图。

上,还可能延续更长的时间(Williams et al.,1984)。控制河口区域长期(100～1000 年)地形演变的因素包括：外因,如上游水沙通量、潮汐、海平面变化等；内因,如河道几何形状、底床可侵蚀性等。本书重点考虑外因的作用,尤其是河流来沙量及平均海平面的变化。

过去几十年里已有一些关于河口地貌长期演变的研究,这些研究的重点不一。部分研究(Todeschini et al.,2008；van der Wegen et al.,2008)关注的是潮主导型河口的长期地貌演变,忽略了上游河流水沙通量。另一些研究(Guo et al.,2014,2015a,2015b,2016)关注的是径流和潮汐对河口长期地貌演变的作用,这些研究多假定河口上边界泥沙通量为零或是在当地的流场下达到平衡,即当地地形基本不变。实际情形中,河口上边界输沙与当地流场并不一定平衡,地形可变。考虑上边界地形可变的研究有 Bolla 等(2015)、Canestrelli 等(2014)。Canestrelli 等(2014)研究了约 400 km 长的潮主导的弗莱河河口的长期地貌演变,发现泥沙通量的增加导致了整个河口的淤积,而泥沙通量的减少导致了冲刷。Bolla Pittaluga 等(2015)定义了“潮汐长度”以表征河口内潮汐主导的区域,研究表明,潮汐长度随着上游来沙量的减小而增加。上述研究中的关注点或是在平衡态的底床形态,或是在潮汐主导的区域长度，而对地貌演变的不同平衡之间的转变没有详细的讨论。

基于全新世（自约 12000 年前起）海平面上升和泥沙沉积之间的平衡，河口被分为 3 类：沉没河口、沉积速率与海平面上升速率始终相当的河口以及在沉没后期速率相当的河口（Cooper et al.，2012）。关于海平面上升对河口地貌长期演变影响的研究中，主要采用了两类模型：基于行为的模型（Sampath et al.，2011，2015，2016）和基于过程的模型（Elmilady et al.，2019）。前者是基于由观测得到的经验法则，在计算上更加高效，但是不能体现河口的物理过程。而在基于过程的模型研究中，目前大部分的重点是短潮汐湖、潮汐通道和盐沼（Best et al.，2018；Van Maanen et al.，2013；Yin et al.，2019），而对大型感潮河段（100 km 长尺度）的研究有限。另外上述研究中极少考虑上游来沙的减少。Ganju 等（2010）在一个相对较短的时期（30 年）内通过 4 种情景设置来估计一个短潮汐湾（约 40 km），由于海平面、水沙通量的变化而产生的地貌变化。他们发现，当来沙量减少时，河口的净沉积量减少，所有情况下的沉积速率都小于海平面上升速率。Guo 等（2016）通过一个算例研究了海平面上升对简化的一维长江口的平衡态地形的影响，发现平衡态地形没有发生根本变化。这项研究假设输入的泥沙通量与入口流场平衡。Luan 等（2017）模拟了 10 年时间尺度上长江口的地形演变，其中考虑了来沙量和海平面的变化。他们发现，到 2030 年，河口区域将从 2010 年以前的净沉积变为净侵蚀。该研究关注的区域是河口口门处，且考虑的时间尺度相对较小。

理想化的一维模型被广泛用于模拟感潮河段的长期地形演变（Bolla Pittaluga et al.，2015；Canestrelli et al.，2014；Guo et al.，2014），其中的简化包括考虑水平几何形状为矩形或喇叭口形的河道。这些研究表明：一维设定下，恒定的水沙条件和潮汐条件作用下，河段会达到一个平衡态，其中底床形态保持不变。在这些一维模型里，通常将初始的地形假定为一个均匀斜坡，研究重点为最终的平衡态。一维设定下，尽管初始条件对最终平衡态中的河道地形剖面没有影响，但对河道的调整时间是很重要的（Canestrelli et al.，2014；Todeschini et al.，2008）。在来沙量减少和海平面上升共同作用下，感潮河段地貌长期如何响应这一问题尚未被充分研究。

1.4 本书主要内容

按照上述研究思路，本书共分为 6 章，除本章绪论外，各个章节的主要内容如下：

第 2 章是三峡水库运行对长江干流水体输运时间的影响。本章建立了长江干流一维水动力-水龄耦合模型，对三峡大坝上游 700 km～下游 1900 km 的干流水龄和水体滞留时间进行了系统研究。该模型考虑了纵向水动力过程，对大尺度河流-水库系统进行了整体水流模拟，得到了朱沱—长江口门沿程水体输运的时间尺度。具体阐明了水库运行引起的纵向水龄分布变化；基于水龄模型计算对比了库区动态滞留时间和水力滞留时间特征；揭示了干流子流域的动态滞留时间变化特征。

第 3 章是水库影响下长江干流悬沙浓度变化分析。本章重构了上游水库运行前后(1985—2018 年)干流悬沙浓度的时空分布，评估了主要沙源因子对干流悬沙浓度的贡献，提出了水库下游河道的悬沙浓度恢复过程模拟的半经验半理论方法，建立了干流悬沙浓度预测模型，预测了未来洞庭湖和鄱阳湖与干流的悬沙交换关系以及入海悬沙浓度的变化趋势。

第 4 章是长江感潮河段水动力过程及其对水库运行的响应。本章分析了主要分潮在长江感潮河段的传播过程，揭示了季节性径流变化引起的感潮河段分潮振幅的变化特征，阐明了长江感潮河段中涨落潮流速转向点的数目、位置、产生和移动的规律，给出了潮流界在不同时间尺度的变化特征，评估了水库调蓄下径流量的变化对感潮河段分潮传播和流速转向过程的影响。

第 5 章是长江感潮河段泥沙输运特征与地貌演变。本章首先对长江感潮河段年内悬沙浓度分布特征及其对水库运行的响应进行了分析。基于泥沙输运模型计算，分析和总结了在径流-潮汐作用下，长江感潮河段悬沙浓度随潮变化的峰值分布模式；研究了上游水库运行前后沿程段悬沙浓度分布的变化过程，及其对不同季节水沙组合的响应。其次，对长江感潮河段年代际泥沙收支平衡与地形演变进行了研究。基于实测地形资料计算了长江感潮河段泥沙收支平衡，分析获取了河道沿程冲淤和深泓变化特征，基于理论初步分析了河段地貌变化的原因。最后，对来沙减少和海平面上升作用下感潮河段长期地形演变进行了研究，基于地貌动力学模型计算揭示了径流和潮汐作用下感潮河段的平衡态过渡过程，采用概化模型分析了长江口长期地貌演变的趋势。

第 6 章是结语。本章总结了本书的主要结论，提出了对未来研究的展望。

参考文献

曹绮欣，孙昭华，冯秋芬，2012. 三峡水库调节作用对长江近河口段水文水动力特性影响[J]. 水科学进展，23(6)：844-850.

长江航道局，武汉水利电力大学，2002. 三峡工程坝下游砂卵石浅滩河段一二维数学模型计算：长江三峡工程泥沙问题(第六卷)[M]. 北京：知识产权出版社：486-529.

长江科学院，2002. 三峡水库下游宜昌至大通河段冲淤一维数模计算分析(一)(二)：长江三峡工程泥沙问题研究(第七卷)[R].北京：知识产权出版社：211-311.
长江水利委员会,1992.长江三峡水利枢纽初步设计报告(枢纽工程)第九篇工程泥沙问题研究[M].武汉：水利部长江水利委员会.
陈吉余,2009.进入21世纪的长江河口初探[M].北京：海洋出版社：16-17.
陈建国,周文浩,袁玉萍,2002.三门峡水库典型运用时段黄河下游粗细泥沙的输移和调整规律[J].泥沙研究,2：15-22.
樊咏阳,2016.长江口径潮相互作用机制及其对悬沙输移影响的初步研究[D].武汉：武汉大学.
府仁寿,齐梅兰,方红卫,等,2005.长江宜昌至汉口河段输沙特性分析[J].水利学报,36(1)：35-41.
葛华,2010.水库下游非均匀沙输移及模拟技术初步研究[D].武汉：武汉大学.
郭小虎,朱勇辉,黄莉,等,2017.三峡水库蓄水后长江中游河床粗化及含沙量恢复特性分析[J].水利水电快报,11：22-27.
韩其为,2003.水库淤积[M].北京：科学出版社：564-567.
韩玉芳,路川藤,2019.三峡工程后长江口水沙变化及河床演变特征[C].中国重庆：第十九届中国海洋(岸)工程学术讨论会论文集(下)：773-778.
侯成程,朱建荣,2013.长江河口潮流界与径流量定量关系研究[J].华东师范大学学报(自然科学版),5：18-26.
胡春宏,方春明,2017.三峡工程泥沙问题解决途径与运行效果研究[J].中国科学：技术科学,8：52-64.
赖晓鹤,2018.三峡建坝后河床冲刷过程与机理及其对入海泥沙通量的影响和预测[D].上海：华东师范大学.
李一冰,冯小香,陈立,等,2015.长江中游水沙运动及河床演变[M].北京：人民交通出版社：10-64.
李义天,孙昭华,邓金运,2003.论三峡水库下游的河床冲淤变化[J].应用基础与工程科学学报,11(3)：283-295.
刘鹏飞,路川藤,罗小峰,等,2018.基于数学模型的长江潮流界变化特性[J].科学技术与工程,18(3)：346-353.
刘帅,何青,谢卫明,等,2019.近15年来长江口控制站徐六泾悬沙变化特征研究[J].长江流域资源与环境,28(5)：197-204.
刘同宦,蔺秋生,姚仕明,2011.三峡工程蓄水前后进出库水沙特性及径流量时间序列变化周期分析[J].四川大学学报(工程科学版),43(1)：58-63.
卢金友,1996.荆江三口分流分沙变化规律研究[J].泥沙研究,4：54-61.
陆永军,张华庆,1993.大坝下游河床下切及其数学模型研究[J].水道港口,4：3-15.
路川藤,罗小峰,陈志昌,2016.长江潮流界对径流、潮差变化的响应研究[J].武汉大学学报(工学版),49(2)：201-205.
欧应钧,封光寅,赵学峰,2014.丹江口水库泥沙调度方式探讨[J].人民长江,45(2)：82-85.
潘庆燊,2017.三峡工程泥沙问题研究60年回顾[J].人民长江,48(21)：18-22.
钱宁,张仁,周志德,1987.河床演变学[M].北京：科学出版社：459-463.
秦蕾蕾,董先勇,杜泽东,等,2019.金沙江下游水沙变化特性及梯级水库拦沙分析[J].泥沙研究,44(3)：24-30.

清华大学,2002. 葛洲坝枢纽下游河段一维泥沙数学模型研究:长江三峡工程泥沙问题(第六卷)[R]. 北京:知识产权出版社:308-329.

萨莫伊洛夫,1958. 河口演变过程的理论及研究方法[M]. 北京:科学出版社.

沈焕庭,茅志昌,朱建荣,2003. 长江河口盐水入侵[M]. 北京:海洋出版社:1-4,85.

沈焕庭,潘定安,2001. 长江河口最大浑浊带[M]. 北京:海洋出版社:15.

宋兰兰,2002. 长江潮流界位置探讨[J]. 水文,22(5):25-26.

王兆印,邵东国,邵学军,等,2009. 长江流域水沙生态综合管理[M]. 北京:科学出版社:7.

夏云峰,闻云呈,徐华,等,2015. 长江河口段水沙运动及河床演变[M]. 北京:人民交通出版社:1-3.

谢鉴衡,2002. 河床演变及整治[M]. 北京:中国水利水电出版社.

许全喜,童辉,2012. 近 50 年来长江水沙变化规律研究[J]. 水文,32(5):38-47.

杨燕华,张明进,王建军,2013. 三峡蓄水后宜昌至武汉段新水沙特性研究[J]. 水道港口,34(4):327-334.

杨云平,2014. 长江口水沙条件变化对地貌系统作用关系研究[D]. 武汉:武汉大学.

杨云平,李义天,韩剑桥,等,2012. 长江口潮区和潮流界面变化及对工程响应[J]. 泥沙研究,6:46-51.

杨云平,张明进,李义天,等,2016. 长江三峡水坝下游河道悬沙恢复和床沙补给机制[J]. 地理学报,71(7).

袁小婷,程和琴,郑树伟,等,2019. 近期长江大通至南京河段潮动力变化趋势与机制[J]. 海洋通报,38(5):553-561.

张金善,孔俊,章卫胜,2008. 长江感潮河段径流与河口海岸动力作用机制的数值模拟. 中国济南:第二十一届全国水动力学研讨会暨第八届全国水动力学学术会议暨两岸船舶与海洋工程水动力学研讨会文集[C]:178-189.

张蔚,冯浩川,徐阳,等,2015. 长江口分流过程对周期性潮波运动的响应机制[C]. 中国南宁:第十七届中国海洋(岸)工程学术讨论会:850-857.

张信宝,文安邦,WALLING D E,等,2011. 大型水库对长江上游主要干支流河流输沙量的影响[J]. 泥沙研究,4:59-66.

郑守仁,2019. 三峡工程 175 米试验性蓄水运行期的泥沙观测分析[J]. 长江技术经济,特稿,3:1-7.

中国长江三峡集团公司,2002—2016. 长江三峡工程运行实录(2002—2016)[M]. 北京:中国三峡出版社.

中国水利水电科学研究院,2002. 三峡水库下游河道冲刷计算研究. 长江三峡工程泥沙问题(第七卷)[R]. 北京:知识产权出版社:115-210.

周建军,张曼,2018. 近年长江中下游径流节律变化、效应与修复对策[J]. 湖泊科学,30(6):1471-1488.

ABLAIN M,LEGEAIS J F,PRANDI P,et al.,2017. Satellite altimetry-based sea level at global and regional scales[J]. Surveys in Geophysics,38:7-31.

ALEXANDER J,WILSON R,GREEN W,2012. A brief history and summary of the effects of river engineering and dams on the Mississippi River system and delta[C]//U. S. Geological Survey Circular. Nebraska:U. S. Geological Survey:43.

ALLEN G H, PAVELSKY T M, 2018. Global extent of rivers and streams[J]. Science, 361 (6402): 585-587.

AVIJIT G, 2007. Large rivers geomorphology and management[M]. British Library Cataloguing in Publication Data.

BEST S N, WEGEN M V D, DIJKSTRA J, et al., 2018. Do salt marshes survive sea level rise? modelling wave action, morphodynamics and vegetation dynamics[J]. Environmental Modelling and Software, 109: 152-166.

BILOTTA G S, BRAZIER R E, 2008. Understanding the influence of suspended solids on water quality and aquatic biota[J]. Water Research, 42(12): 2849-2861.

BIRD E, 2008. Coastal geomorphology: an introduction[J]. Igarss 2014.

BOLLA P M, TAMBRONI N, CANESTRELLI A, et al., 2015. Where river and tide meet: the morphodynamic equilibrium of alluvial estuaries[J]. Journal of Geophysical Research F: Earth Surface, 120: 75-94.

BRANDT S A, 2000. Classification of geomorphological effects downstream of dams[J]. Catena, 40(4): 375-401.

CAI H Y, SAVENIJE H H G, 2013. Asymptotic behavior of tidal damping in alluvial estuaries [J]. Journal of Geophysical Research-Oceans, 118(11): 6107-6122.

CAI H Y, SAVENIJE H H G, TOFFOLON M, 2014. Linking the river to the estuary: influence of river discharge on tidal damping[J]. Hydrology and Earth System Sciences, 18(1): 287-304.

CANESTRELLI A, LANZONI S, FAGHERAZZI S, 2014. One-dimensional numerical modeling of the long-term morphodynamic evolution of a tidally-dominated estuary: the lower fly river (Papua New Guinea)[J]. Sedimentary Geology, 301: 107-119.

CHEN G, FANG X, FAN H, 2016. Estimating hourly water temperatures in rivers using modified sine and sinusoidal wave functions[J]. Journal of Hydrologic Engineering, 21.

CHURCH J A, CLARK P U, CAZENAVE A, et al., 2013. 2013: Sea level change. Climate Change 2013: The Physical Science Basis. Contribution of Working Group I to the Fifth Assessment Report of the Intergovernmental Panel on Climate Change[R]: 1137-1216.

COOPER J A G, GREEN A N, WRIGHT C I, 2012. Evolution of an incised valley coastal plain estuary under low sediment supply: a "give-up" estuary[J]. Sedimentology, 59: 899-916.

DAI S B, YANG S L, ZHU J, et al., 2005. The role of Lake Dongting in regulating the sediment budget of the Yangtze River[J]. Hydrology and Earth System Sciences Discussions, 9(6): 692-698.

DAI Z J, LIU J T, 2013. Impacts of large dams on downstream fluvial sedimentation: an example of the Three Gorges Dam (TGD) on the Changjiang (Yangtze River)[J]. Journal of Hydrology, 480: 10-18.

DAI Z J, LIU J T, WEI W, et al., 2014. Detection of the Three Gorges Dam influence on the Changjiang (Yangtze River) submerged delta[J]. Scientific Reports, 4: 1-7.

DAI Z J, MEI X F, DARBY S E, et al., 2018. Fluvial sediment transfer in the Changjiang (Yangtze) river-estuary depositional system[J]. Journal of Hydrology, 566: 719-734.

DALRYMPLE R W,CHOI K,2007. Morphologic and facies trends through the fluvial-marine transition in tide-dominated depositional systems: a schematic framework for environmental and sequence-stratigraphic interpretation[J]. Earth-Science Reviews,81(3/4): 135-174.

DELEERSNIJDER E, CAMPIN J M, DELHEZ E J M, 2001. The concept of age in marine modelling: I. Theory and preliminary model results[J]. Journal of Marine Systems,28(3-4): 229-267.

ELMILADY H,WEGEN M V D,ROELVINK D,et al. ,2019. Intertidal area disappears under sea level rise: 250 years of morphodynamic modeling in San Pablo Bay,California[J]. Journal of Geophysical Research: Earth Surface,124: 38-59.

FREITAS P T A, SILVEIRA O F M, ASP N E, 2012. Tide distortion and attenuation in an Amazonian Tidal River[J]. Brazilian Journal of Oceanography,60(4): 429-446.

FROELICH P N,1988. Kinetic control of dissolved phosphate in natural rivers and estuaries-a primer on the phosphate buffer mechanism[J]. Limnology and Oceanography, 33(4): 649-668.

GALLO M N,VINZON S B. Generation of overtides and compound tides in Amazon estuary[J]. Ocean Dynamics,55(5-6): 441-448.

GANJU N K,SCHOELLHAMER D H,2010. Decadal-timescale estuarine geomorphic change under future scenarios of climate and sediment supply[J]. Estuaries and Coasts,33: 15-29.

GAO X, LIN P, LI M, et al. , 2014. Effects of water temperature and discharge on natural reproduction time of the Chinese sturgeon, Acipenser sinensis, in the Yangtze River, China and impacts of the impoundment of the Three Gorges Reservoir[J]. Zoolog Sci,31: 274-278.

GASSER M, GAMAL F, 1994. Aswan High Dam: lessons learnt and on-going research[J]. International water power & dam construction,46(1): 35-39.

GODIN G,1999. The propagation of tides up rivers with special considerations on the upper Saint Lawrence River[J]. Estuarine Coastal and Shelf Science,48(3): 307-324.

GRAF W L,2006. Downstream hydrologic and geomorphic effects of large dams on American Rivers[J]. Geomorphology,79(3-4): 336-360.

GUO H,HU Q,ZHANG Q,et al. ,2012. Effects of the Three Gorges Dam on Yangtze River flow and river interaction with Poyang Lake,China: 2003-2008[J]. Journal of Hydrology,416: 19-27.

GUO L C,SU N,TOWNEND L,et al. ,2019. From the headwater to the delta: a synthesis of the basin-scale sediment load regime in the Changjiang River[J]. Earth-Science Reviews, 197: 102900.

GUO L C, SU N, ZHU C Y, et al. , 2018. How have the river discharges and sediment loads changed in the Changjiang River basin downstream of the Three Gorges Dam?[J]. Journal of Hydrology,560: 259-274.

GUO L C,VAN DER WEGEN M,JAY D A,et al. ,2015. River-tide dynamics: exploration of nonstationary and nonlinear tidal behavior in the Yangtze River estuary[J]. Journal of Geophysical Research-Oceans,120(5): 3499-3521.

GUO L, VAN DER WEGEN M, ROELVINK D, et al. , 2015a. Exploration of the impact of seasonal river discharge variations on long-term estuarine morphodynamic behavior[J]. Coastal Engineering,95: 105-116.

GUO L, VAN DER WEGEN M, ROELVINK D, et al., 2015b. Long-term, process-based morphodynamic modeling of a fluvio-deltaic system, part I: The role of river discharge[J]. Continental Shelf Research,109: 95-111.

GUO L,VAN DER WEGEN M,ROELVINK J A,et al.,2014. The role of river flow and tidal asymmetry on 1-D estuarine morphodynamics[J]. Journal of Geophysical Research Earth Surface,119(11): 2315-2334.

GUO L,VAN DER WEGEN M,WANG Z B,et al.,2016. Exploring the impacts of multiple tidal constituents and varying river flow on long-term, large-scale estuarine morphodynamics by means of a 1-D model[J]. Journal of Geophysical Research: Earth Surface,121: 1000-1022.

HASSAN M A,CHURCH M,YAN Y,et al.,2010. Spatial and temporal variation of in-reach suspended sediment dynamics along the mainstem of Changjiang (Yangtze River),China[J]. Water Resources Research,46(11): 1-14.

HOITINK A J F,JAY D A,2016. Tidal river dynamics: implications for deltas[J]. Reviews of Geophysics,54: 240-272.

HORREVOETS A C,SAVENIJE H H G,SCHUURMAN J N,et al.,2004. The influence of river discharge on tidal damping in alluvial estuaries[J]. Journal of Hydrology,294(4): 213-228.

HUANG Z, WANG L, 2018. Yangtze dams increasingly threaten the survival of the Chinese sturgeon[J]. Current Biology,28: 3640-3647 e3618.

HUMBORG C,ITTEKKOT V,COCIASU A,et al.,1997. Effect of Danube River Dam on Black Sea biogeochemistry and ecosystem structure[J]. Nature,386(6623): 385-388.

JAMES P, SIIKAVUOPIO S I, 2015. The effects of tank system, water velocity and water movement on survival, somatic and gonad growth of juvenile and adult green sea urchin, Strongylocentrotus droebachiensis[J]. Aquaculture Research,46(6): 1501-1509.

JAVAHERI A,BABBAR-SEBENS M,ALEXANDER J,et al.,2018. Global sensitivity analysis of water age and temperature for informing salmonid disease management[J]. Journal of Hydrology,561: 89-97.

JAY D A,BORDE A B,DIEFENDERFER H L,2016. Tidal-fluvial and estuarine processes in the lower Columbia River: II. water level models, floodplain wetland inundation, and system zones[J]. Estuaries and Coasts,39(5): 1299-1324.

JAY D A,KUKULKA T,2003. Revising the paradigm of tidal analysis-the uses of non-stationary data[J]. Ocean Dynamics,53(3): 110-125.

JAY D A,LEFFLER K,DIEFENDERFER H L,et al.,2015. Tidal-fluvial and estuarine processes in the lower Columbia River: I. along-channel water level variations, Pacific Ocean to Bonneville Dam[J]. Estuaries & Coasts,38(2): 415-433.

JICKELLS T D,1998. Nutrient biogeochemistry of the coastal zone[J]. Science,281: 217-222.

KIRWAN M L,MEGONIGAL J P,2013. Tidal wetland stability in the face of human impacts and sea-level rise[J]. Nature,504: 53-60.

KONDOLF G M,RUBIN Z K,MINEAR J T,2014. Dams on the Mekong: cumulative sediment starvation[J]. Water Resources Research,50: 5158-5169.

KOSUTH P,CALLEDE J,LARAQUE A,et al.,2009. Sea-tide effects on flows in the lower reaches of the Amazon River[J]. Hydrological Processes,23(22): 3141-3150.

KõIV T,NõGES T,LAAS A,2011. Phosphorus retention as a function of external loading, hydraulic turnover time,area and relative depth in 54 lakes and reservoirs[J]. Hydrobiologia, 660: 105-115.

LONG L-H,XU H,JI D-B,et al.,2016. Characteristic of the water temperature lag in Three Gorges Reservoir and its effect on the water temperature structure of tributaries[J]. Environmental Earth Sciences,75.

LOSADA M A,DIEZ-MINGUITO M,REYES-MERLO M A,2017. Tidal-fluvial interaction in the Guadalquivir River Estuary: spatial and frequency-dependent response of currents and water levels[J]. Journal of Geophysical Research-Oceans,122(2): 847-865.

LU S,TONG C F,LEE D Y,et al.,2015. Propagation of tidal waves up in Yangtze Estuary during the dry season[J]. Journal of Geophysical Research-Oceans,120(9): 6445-6473.

LUAN H L,DING P X,WANG Z B,et al.,2017. Process-based morphodynamic modeling of the Yangtze Estuary at a decadal timescale: controls on estuarine evolution and future trends [J]. Geomorphology,290: 347-364.

LUO X X,YANG S L,WANG R S,et al.,2017. New evidence of Yangtze delta recession after closing of the Three Gorges Dam[J]. Scientific Reports,7: 1-10.

LV Y W,ZHENG S,TAN G M,et al.,2019. Morphodynamic adjustments in the Yichang-Chenglingji Reach of the Middle Yangtze River since the operation of the Three Gorges Project[J]. CATENA,172: 274-284.

MAAVARA T,CHEN Q,VAN METER K,et al.,2020. River dam impacts on biogeochemical cycling[J]. Nature Reviews Earth & Environment,1: 103-116.

MATTE P,SECRETAN Y,MORIN J,2014. Temporal and spatial variability of tidal-fluvial dynamics in the St. Lawrence fluvial estuary: an application of nonstationary tidal harmonic analysis. Journal of Geophysical Research-Oceans,119(9): 5724-5744.

MEADE R H,1996. River-Sediment Inputs to Major Deltas[M]. Sea-Level Rise and Coastal Subsidence. U. S. Government: 63-85.

MILLIMAN J D,FARNSWORTH K L,2011. River discharge to the coastal ocean[M].

MILLIMAN J D,FARNSWORTH K L,2013. River discharge to the coastal ocean: a global synthesis[M].

NILSSON C,REIDY C A,DYNESIUS M,et al.,2005. Fragmentation and flow regulation of the world's large river systems[J]. Science,308(5720): 405-408.

PRITCHARD D W,1967. What is an estuary: physical viewpoint[J]. American Association for the Advancement of Science.

QIU C,ZHU J R,2013. Influence of seasonal runoff regulation by the Three Gorges Reservoir on saltwater intrusion in the Changjiang River Estuary[J]. Continental Shelf Research,71: 16-26.

RALSTON D K,GEYER W R,2017. Sediment transport time scales and trapping efficiency in a tidal river[J]. Journal of Geophysical Research: Earth Surface,122: 2042-2063.

RIGGS H C,HARVEY K D,1990. Temporal and spatial variabilityof streamflow[M]. Geological Society of America.

SAMPATH D M R,BOSKI T,2016. Morphological response of the saltmarsh habitats of the Guadiana Estuary due to flow regulation and sea-level rise[J]. Estuarine,Coastal and Shelf Science,183: 314-326.

SAMPATH D M R,BOSKI T,LOUREIRO C,et al.,2015. Modelling of estuarine response to sea-level rise during the Holocene: application to the Guadiana Estuary-SW Iberia[J]. Geomorphology,232: 47-64.

SAMPATH D M R,BOSKI T,SILVA P L,et al.,2011. Morphological evolution of the Guadiana Estuary and intertidal zone in response to projected sea-level rise and sediment supply scenarios[J]. Journal of Quaternary Science,26: 156-170.

SASSI M G,HOITINK A J F,2013. River flow controls on tides and tide-mean water level profiles in a tidal freshwater river[J]. Journal of Geophysical Research-Oceans,118(9): 4139-4151.

SAVENIJE H H G,2001. A simple analytical expression to describe tidal damping or amplification[J]. Journal of Hydrology,243(3-4): 205-215.

STEFAN H G,CARDONI J J,SCHIEBE F R,et al.,1983. Model of Light Penetration in a Turbid Lake[J]. Water Resources Research,19(1): 109-120.

SUN J,XIAO Z J,LIN B L,et al.,2021. Longitudinal transport timescales in a large dammed river-the Changjiang River[J]. Science of The Total Environment,771: 144886.

SYVITSKI J P M,2003. Supply and flux of sediment along hydrological pathways: research for the 21st century[J]. Global and Planetary Change,39(1-2): 1-11.

SYVITSKI J P M,KETTNER A J,OVEREEM I,et al.,2009. Sinking deltas due to human activities[J]. Nature Geoscience,2: 681-686.

SYVITSKI J P M,VOROSMARTY C J,KETTNER A J,et al.,2005. Impact of humans on the flux of terrestrial sediment to the global coastal ocean[J]. Science,308(5720): 376-380.

TAKEOKA H,1984. Fundamental concepts of exchange and transport time scales in a coastal sea [J]. Continental Shelf Research,3: 311-326.

TAN Y,YANG F,XIE D H,2016. The change of tidal characteristics under the influence of human activities in the Yangtze River Estuary[J]. Journal of Coastal Research,75(10075): 163-167.

TODESCHINI I,TOFFOLON M,TUBINO M,2008. Long-term morphological evolution of funnel-shape tide-dominated estuaries[J]. Journal of Geophysical Research,113: C05005.

TORNÉS E,PÉREZ M C,DURÁN C,et al.,2014. Reservoirs override seasonal variability of phytoplankton communities in a regulated Mediterranean River[J]. Science of the Total Environment,475: 225-233.

TRANCART T,LAMBERT P,ROCHARD E,et al.,2012. Alternative flood tide transport tactics in catadromous species: Anguilla anguilla,Liza ramada and Platichthys flesus[J].

Estuarine Coastal and Shelf Science,99: 191-198.

TWIGT D J,GOEDE E D D,ZIJL F,et al. ,2009. Coupled 1D-3D hydrodynamic modelling,with application to the Pearl River Delta[J]. Ocean Dynamics,59(6): 1077-1093.

VAN C P, BRYE B D, DELEERSNIJDER E, et al. , 2016. Simulations of the flow in the Mahakam river-lake-delta system, Indonesia[J]. Environmental Fluid Mechanics, 16(3): 603-633.

VAN M B, COCO G, BRYAN K R, 2013. Modelling the effects of tidal range and initial bathymetry on the morphological evolution of tidal embayments[J]. Geomorphology, 191: 23-34.

VÖRÖSMARTY C J, MEYBECK M, FEKETE B, et al. , 2003. Anthropogenic sediment retention: major global impact from registered river impoundments[J]. Global and Planetary Change,39(1-2): 169-190.

WALLING D E,2006. Human impact on land-ocean sediment transfer by the world's rivers[J]. Geomorphology,79(3-4): 192-216.

WANG B,XU Y J,2018. Decadal-scale riverbed deformation and sand budget of the last 500 km of the mississippi river: insights into natural and river engineering effects on a large alluvial river[J]. Journal of Geophysical Research: Earth Surface,123: 874-890.

WCD,2000. Dams & Development: a new framework for decision-making-overview[R].

WEGEN M V D, ROELVINK J A, 2008. Long-term morphodynamic evolution of a tidal embayment using a two-dimensional, prcess-based model [J]. Journal of Geophysical Research,113: 1-23.

WILLIAMS G P,WOLMAN M G,1984. Downstream effects of dams on alluvial rivers[J]. U. S. Geological Survey Professional Pape,1286.

XIA L,LI X P,2008. Responses of phytoplankton and periphyton to environmental variations in urbanizing tidal rivers[C]//2nd International Conference on Boiinformatics and Biomedical Engineering. Shanghai: 2873-2877. doi=10. 1109/ICBBE. 2008. 1050.

XU K H,MILLIMAN J D,2009. Seasonal variations of sediment discharge from the Yangtze River before and after impoundment of the Three Gorges Dam[J]. Geomorphology,104(3-4): 276-283.

YANG H F,YANG S L,XU K H,2017. River-sea transitions of sediment dynamics: a case study of the tide-impacted Yangtze River Estuary[J]. Estuarine Coastal & Shelf Science,196.

YANG H F,YANG S L,XU K H,et al. ,2018. Human impacts on sediment in the Yangtze River: a review and new perspectives[J]. Global and Planetary Change,162: 8-17.

YANG S L,MILLIMAN J D,LI P,et al. ,2011. 50000 dams later: erosion of the Yangtze River and its delta[J]. Global and Planetary Change,75: 14-20.

YANG S L,MILLIMAN J D,XU K H,et al. ,2014. Downstream sedimentary and geomorphic impacts of the Three Gorges Dam on the Yangtze River[J]. Earth-Science Reviews,138: 469-486.

YANG S L,XU K H,MILLIMAN J D,et al. ,2015. Decline of Yangtze River water and sediment discharge: impact from natural and anthropogenic changes[J]. Scientific Reports,5.

YANG S L, ZHANG J, DAI S B, et al., 2007. Effect of deposition and erosion within the main river channel and large lakes on sediment delivery to the estuary of the Yangtze River[J]. Journal of Geophysical Research: Earth Surface, 112(F2).

YANG S L, ZHAO Q Y, BELKIN I M, 2002. Temporal variation in the sediment load of the Yangtze River and the influences of human activities[J]. Journal of Hydrology, 263(1-4): 56-71.

YIN Y, KARUNARATHNA H, REEVE D E, 2019. Numerical modelling of hydrodynamic and morphodynamic response of a meso-tidal estuary inlet to the impacts of global climate variabilities[J]. Marine Geology, 407: 229-247.

ZHANG E F, SAVENIJE H H G, CHEN S L, et al., 2012. An analytical solution for tidal propagation in the Yangtze Estuary, China[J]. Hydrology and Earth System Sciences, 16(9): 3327-3339.

ZHANG F Y, SUN J, LIN B L, et al., 2018. Seasonal hydrodynamic interactions between tidal waves and river flows in the Yangtze Estuary[J]. Journal of Marine Systems, 186: 17-28.

ZHANG M, TOWNEND I H, CAI H Y, et al., 2016b. Seasonal variation of tidal prism and energy in the Changjiang River Estuary: a numerical study [J]. Chinese Journal of Oceanology and Limnology, 34(1): 219-230.

ZHANG M, TOWNEND I, ZHOU Y X, et al., 2016a. Seasonal variation of river and tide energy in the Yangtze Estuary, China[J]. Earth Surface Processes and Landforms, 41(1): 98-116.

ZHANG W, YANG Y P, ZHANG M J, et al., 2017. Mechanisms of suspended sediment restoration and bed level compensation in downstream reaches of the Three Gorges Projects (TGP)[J]. Journal of Geographical Sciences, 27(4): 463-480.

ZHAO Y F, ZOU X Q, LIU Q, et al., 2017. Assessing natural and anthropogenic influences on water discharge and sediment load in the Yangtze River, China[J]. Science of the Total Environment, 607: 920-932.

ZHENG S W, CHENG H Q, SHI S Y, et al., 2018a. Impact of anthropogenic drivers on subaqueous topographical change in the Datong to Xuliujing reach of the Yangtze River[J]. Science China Earth Sciences, 61.

ZHENG S, XU Y J, CHENG H, et al., 2018b. Riverbed erosion of the final 565 kilometers of the Yangtze River (Changjiang) following construction of the Three Gorges Dam[J]. Scientific Reports, 8: 1-11.

ZHOU J J, ZHANG M, LIN B L, et al., 2015. Lowland fluvial phosphorus altered by dams[J]. Water Resources Research, 51(4): 2211-2226.

ZHOU M R, XIA J Q, LU J Y, et al., 2017. Morphological adjustments in a meandering reach of the middle Yangtze River caused by severe human activities[J]. Geomorphology, 285: 325-332.

CHAPTER 2

第2章　三峡水库运行对长江干流水体输运时间的影响

河流作为全球水循环的重要组成部分，通过径流过程将淡水及其携带的生物与非生物物质从陆地输送到海洋。这一过程与河流水生生物的节律密切相关(Huang et al.，2018；Guo et al.，2022)，并在很大程度上影响着河流生态系统与地球生物化学过程(Woodward et al.，2016；Song et al.，2018)。近几十年来，随着经济社会的发展，世界范围内水利工程大量修建，在防洪、发电、航运和用水等方面发挥了巨大作用，但同时也对河流物质输运节律造成了显著的影响(Milliman et al.，2011)。然而，目前人们对大型河流系统水体输运时间及其对水库运行响应规律的认识仍然不足。本章以长江干流为研究对象，建立了从三峡水库到长江口的大范围水动力-水龄耦合模型，模拟分析了水库修建前后长江干流水动力过程和水龄变化规律，并计算了不同河段的水体滞留时间，系统研究了水体输运时间尺度的空间分布与季节变化特征，探究了其对水库调蓄的响应规律和机制。

2.1　长江干流水动力-水龄模型

本章针对长江干流建立了一维水动力模型，用于模拟三峡水库到长江口的流量和水位等水动力学变量的沿程分布和变化过程，并在此基础上建立了长江干流水龄模型，模拟分析了长江水体沿程输运时间尺度特征及变化规律，揭示了水库的修建和运行对长江干流河段的影响。

2.1.1　长江干流水动力模型

本章研究对象为长江干流河段，上起三峡入库的朱沱站，下至河口口门，包括三峡水库、长江中下游干流河段以及长江口感潮河段。该研究区域属于典型的河流-水库系统，其宽度在～1 km 量级，深度在～10 m(河道)和～100 m(水库)量级，长度在～1000 km 量级，沿程有多条大型河流和多个湖泊汇入，其下游多分汊河段。为了模拟分析该河流-水库系统的整体水动力过程，并根据研究区域的尺度特征，本章基于一维圣维南方程建立长江干流水动力模型，基本控制方程包括质量守恒方程和动量守恒方程，即

$$B\frac{\partial Z}{\partial t}+\frac{\partial Q}{\partial x}=S \tag{2-1a}$$

$$\frac{\partial Q}{\partial t}+\frac{\partial}{\partial x}\left(\beta\frac{Q^2}{A}\right)=-gA\frac{\partial Z}{\partial x}-g\frac{n^2\mid Q\mid Q}{AR_{\mathrm{H}}^{4/3}} \tag{2-1b}$$

式中：Z——河流水位，m；

Q——河流流量，m^3/s；

t——时间，s；

x——空间坐标，m；

A——断面横截面积，m^2；

B——水面宽度，m；

R_{H}——水力半径，m；

S——测向入流，m^2，包括主要支流和区间汇流的贡献；

β——天然河流流量动量修正系数，在 1.0～1.2 范围内取值，如无特殊说明本研究采用 $\beta=1.0$；

g——重力加速度，在长江流域取近似值为 $g=9.79\ m/s^2$；

n——曼宁系数，$s/m^{1/3}$，根据河道性质及水位与流量之间的长期关系确定，沿程变化范围为 0.0255～0.0733 $s/m^{1/3}$。

其中，A，B，R_{H} 均随水位变化。水动力控制方程采用四点 Preissmann 隐格式离散，并应用三级求解算法处理干支流交汇和分汊河段(Sun et al.，2019；Islam et al.，2005；Zhu et al.，2011)。

汊点处也需要满足质量守恒和动量守恒条件，即

$$\sum Q_k=A\frac{\partial Z}{\partial t}\quad 质量守恒条件 \tag{2-2a}$$

$$Z_k+\frac{U_k^2}{2g}=\mathrm{Constant}\quad 动量守恒条件 \tag{2-2b}$$

式中：k——连接汊点的各河道断面，$k=1,2,\cdots,K$；

K——汊点处的河道数量。

在长江干流上游朱沱站处，给定实测流量作为上边界条件，在河口口门处给定潮位过程作为下边界条件。研究区域内长江沿程有嘉陵江、乌江、汉江 3 条主要入

汇河流，洞庭湖、鄱阳湖两个入汇湖泊和荆江河段 3 个分流出口，模型中这些出入口也作为边界考虑，根据实测数据给定流量边界条件。长江沿程及入汇支流重要水文站的信息见图 2-1 和表 2-1。在水动力模型中，三峡和葛洲坝工程的水流作用通过内边界来实现，大坝上下游分别设置两个邻近河道断面，水库运行前应用动量守恒求解，水库运行后指定水位过程或水位流量关系。

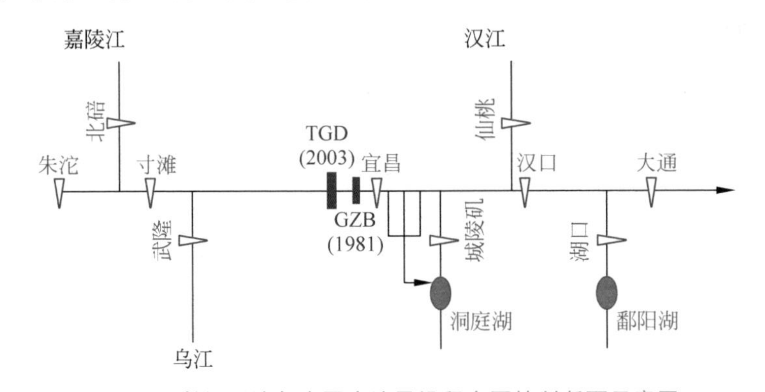

图 2-1 长江干流与主要支流及沿程主要控制断面示意图

注：TGD 代表三峡大坝，于 2003 年开始蓄水运行；GZB 代表葛洲坝，于 1981 年开始蓄水运行。

根据模型建立和验证需要，收集了长江流域相关的地形、水位和流量等数据资料。河流地形资料包括 2098 个断面，其中干流 1752 个，支流 346 个，相邻断面平均距离约 1.7 km。在计算过程中，模型根据每个横截面上的水位和地形信息计算河流水面宽度、过水面积、湿周和水力半径等水动力参数。收集了 19 个站位的流量与水位数据，均来自长江水利委员会组织测量整理的数据集，如表 2-1 所示。其中 9 个站位为边界以及水库控制站点，为干流上下游、支流、湖泊与水库提供流量或水位边界条件，其他流量和水位数据用于水动力模型的验证，结果如图 2-2 和图 2-3 所示。

表 2-1 长江干支流及通江湖泊主要水文站位置

站点名称	与三峡坝址距离/km	位　　置	经度/E°	纬度/N°	备　　注
朱沱(ZT)	−756.32	干流上游	29.02	105.85	上游边界
北碚(BB)	−609.67	嘉陵江	29.82	106.47	嘉陵江控制站
寸滩(CT)	−604.12	干流上游	29.62	106.60	
武隆(WL)	−489.25	乌江	29.32	107.76	乌江控制站
万县(WX)	−289.08	干流上游	30.78	108.40	
庙河(MH)	−16.42	干流上游	30.88	110.89	
宜昌(YC)	37.93	干流中游	30.71	111.30	
松滋口(SZK)	125.38	干流中游	30.33	111.65	出口

续表

站点名称	与三峡坝址距离/km	位　　置	经度/E°	纬度/N°	备　　注
太平口(TPK)	187.87	干流中游	30.29	112.13	出口
沙市(SS)	204.16	干流中游	30.30	112.26	
藕池口(OCK)	286.69	干流中游	29.81	112.32	出口
监利(JL)	370.23	干流中游	29.81	112.90	
城陵矶(CLJ)	448.76	洞庭湖	29.44	113.15	洞庭湖控制站
螺山(LS)	480.69	干流中游	29.62	113.34	
仙桃(XT)	689.68	汉江	30.39	113.46	汉江控制站
汉口(HK)	691.81	干流中游	30.45	114.23	
九江(JJ)	964.84	干流中游	29.70	116.00	
湖口(HUK)	990.43	鄱阳湖	29.76	116.26	鄱阳湖控制站
大通(DT)	1215.50	干流下游	30.77	117.60	

注：与三峡坝址距离的正、负分别指三峡大坝下游和上游的位置。

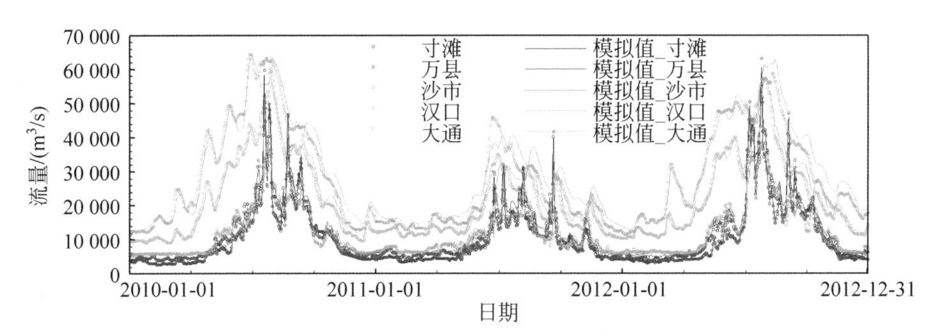

图 2-2　长江干流主要控制断面流量过程模拟结果与实测数据对比验证

应用多个评价指标对模型的模拟结果进行验证，包括相关系数 r、纳什效率系数(Nash-Sutcliffe efficiency coefficient，NSE)和相对平均绝对误差(relative mean absolute error，RMAE)，相关计算方法如下：

$$r=\frac{\mathrm{Cov}(X,Y)}{\sqrt{\mathrm{Var}(X)\mathrm{Var}(Y)}} \tag{2-3}$$

$$\mathrm{NSE}=1-\frac{\sum(X-Y)^2}{\sum(X-\bar{X})^2} \tag{2-4}$$

$$\mathrm{RMAE}=\left|\overline{\frac{X-Y}{X}}\right| \tag{2-5}$$

其中，X 和 Y 分别是实测和模拟结果，Cov 和 Var 分别代表协方差和方差，上划线代表平均值。相关系数 r 的范围是[-1,1]，反映实测结果和模拟结果之间的线性

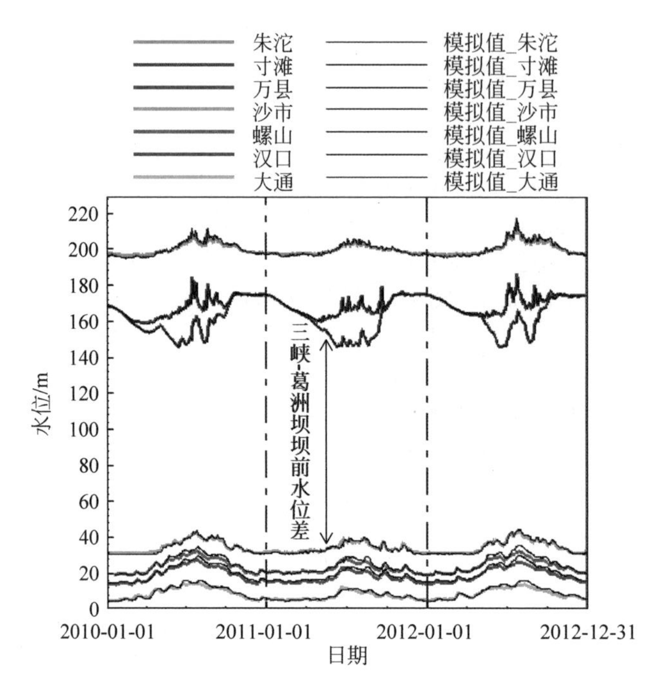

图 2-3 长江干流主要控制断面水位过程模拟结果与实测数据的对比

相关性，$r>0$ 表示正相关，$r<0$ 表示负相关，$r=0$ 表示不相关。相关系数 r 的绝对值越大，表明两者的相关性越高，反之则越低。NSE 的范围是$[-\infty,1]$，其值越接近于 1，表示模型的可靠度越高。RMAE 的范围是$[0,+\infty]$。

对长江干流沿程 10 个主要站点的水位和流量模拟结果进行了评价。如表 2-2 所示，不论是水位还是流量，其相关系数均大于 0.95，说明模拟结果与实测结果吻合良好。NSE 在大部分站点都大于 0.85，说明模型的可信度很高，而 RMAE 的值在 0.00～0.13 之间，说明模型的表现优秀。通过 3 种指标的综合定量评价，说明本章所建立的水动力模型在研究区域内表现良好，可用于模拟长江干流水位、流量等水动力过程。

表 2-2 1980—2016 年长江干流 10 个站点流量和水位模拟结果的相关系数(r)、纳什效率系数(NSE)和相对平均误差(RMAE)

站点名称	r		NSE		RMAE	
	流量	水位	流量	水位	流量	水位
朱沱(ZT)	1.000	0.997	1.000	0.863	0.000	0.005
寸滩(CT)	0.998	0.997	0.995	0.992	0.034	0.002
万县(WX)	0.992	1.000	0.983	0.999	0.070	0.004
庙河(MH)	0.982	1.000	0.956	1.000	0.099	0.000

续表

站点名称	r		NSE		RMAE	
	流量	水位	流量	水位	流量	水位
沙市(SS)	0.970	0.955	0.939	0.771	0.099	0.037
监利(JL)	0.956	0.976	0.912	0.798	0.121	0.046
螺山(LS)	0.983	0.984	0.963	0.846	0.084	0.046
汉口(HK)	0.978	0.978	0.955	0.869	0.087	0.055
九江(JJ)	0.965	0.969	0.927	0.906	0.109	0.066
大通(DT)	0.963	0.966	0.920	0.878	0.109	0.091

2.1.2　长江干流水龄模型

本书中研究区域内水体的水龄是指水体通过特定边界进入研究区域后已经历的时间。在2.1.1节水动力模型的基础上，建立了长江干流水龄模型，用于模拟分析从三峡水库到河口的水体输运过程和时间尺度特征。该水龄模型基于Deleersnijder等(2001)提出的水龄模型框架而建立，即欧拉体系的水龄模型。该水龄模型中，目标水体用虚拟的保守物质示踪，根据质量守恒原理计算示踪剂的浓度和年龄，用示踪剂的年龄研究水体的年龄，即水龄。水龄时空变化的动力过程由两个偏微分方程和一个代数方程控制：

$$A\frac{\partial C}{\partial t}+Q\frac{\partial C}{\partial x}=\frac{\partial}{\partial x}\left(AD_x\frac{\partial C}{\partial x}\right) \tag{2-6}$$

$$A\frac{\partial \alpha}{\partial t}+Q\frac{\partial \alpha}{\partial x}=\frac{\partial}{\partial x}\left(AD_x\frac{\partial \alpha}{\partial x}\right)+C \tag{2-7}$$

$$a=\frac{\alpha}{C} \tag{2-8}$$

式中：A——横截面面积，m^2；

a——水龄，天；

C——示踪剂浓度(—)，即单位体积内被示踪水体的比例；

α——水龄浓度，天；

D_x——纵向扩散系数，m^2/s，与断面水动力条件相关，通过埃尔德公式计算，即$D_x=kdu^*$，其中k为参数，u^*是剪切速度(m/s)，d是断面平均深度(m)。

在大尺度上，河流输运以水平对流为主，水龄模型对k参数不敏感，本章中$k=100$。式(2-6)与式(2-7)分别为示踪剂浓度C和水龄浓度α的控制方程，表明示踪剂浓度和水龄浓度都受到对流和扩散的作用。水龄浓度方程有一个特殊的源项，即式(2-7)中的最后一项，其数量等于示踪剂浓度，该源项代表示踪水体年龄随时间推移而增加的过程。水龄 a 的值由水龄浓度 α 与示踪剂浓度 C 的比值计算而得，如式(2-8)所示。

对于计算水龄的偏微分方程(式(2-6)与式(2-7))采用与水动力模型相匹配的方式进行空间离散和求解，但边界条件需要特别指定。在上游边界站点朱沱站，示踪剂浓度和水龄浓度分别设置为 1 和 0，而在其他流入或流出边界以及向海边界，示踪剂浓度和水龄浓度均设置为 0。在干支流交汇处，流量会因支流汇入而改变，但这不会改变水龄的大小，这是因为支流引起的示踪剂浓度和水龄浓度的变化是同比例的，而水龄则按水龄浓度与示踪剂浓度的比值计算得到。利用上述水龄模型与相应的边界条件，可以模拟长江干流从三峡入库到河口的水龄空间分布和季节变化过程。

2.1.3 滞留时间

滞留时间是指研究区域内的水体流出该研究区域所需的时间长度，常用于研究湖泊、水库和海湾内水体与外界水体的交换情况。按传统计算方法，湖泊、水库等水体的滞留时间通常由水体体积 $V(\mathrm{m}^3)$ 与流量 $Q(\mathrm{m}^3/\mathrm{s})$ 的比值估算得到，如下所示：

$$\tau_{\mathrm{H}} = \frac{V}{Q} \tag{2-9}$$

其中，τ_{H} 常被称为水力滞留时间(hydaulic residence time，HRT)(Maavara et al. 2020)。在计算水力滞留时间时通常取某一时段内的平均体积和平均流量来估算，在这种情况下体积和流量被假定是平稳的。然而，在一个真实的河流系统中，水体的体积和流量是随时间变化的，如季节性变化的流量和大坝调蓄引起的人为干扰等。因此，严格意义上讲稳态假定并不成立，式(2-9)可能会给水体滞留时间的估计带来系统误差。

为了反映滞留时间随水体体积、流量等物理量变化的动态演变过程，本书提出了一种基于水龄模型的滞留时间计算方法。对于河流水系等研究区域，将其上游水龄规定为零，通过水龄模型可以得到区域内的水龄分布和变化。不同断面的水龄值为水体从进入研究区域后运动到此处的时间，两断面的水龄差即水体在两断面之间的滞留时间，如下所示：

$$\tau_{\mathrm{D}} = \Delta a \tag{2-10}$$

其中，τ_{D} 为水龄模型得到的滞留时间，可称之为水体动态滞留时间(dynamic residence time，DRT)，Δa 为所选区域上下游断面的水龄差。基于水龄的水体滞留时间计算方法考虑了水动力过程，因此不受稳态假定的约束。

河流水库系统水龄及滞留时间示意图如图 2-4 所示。

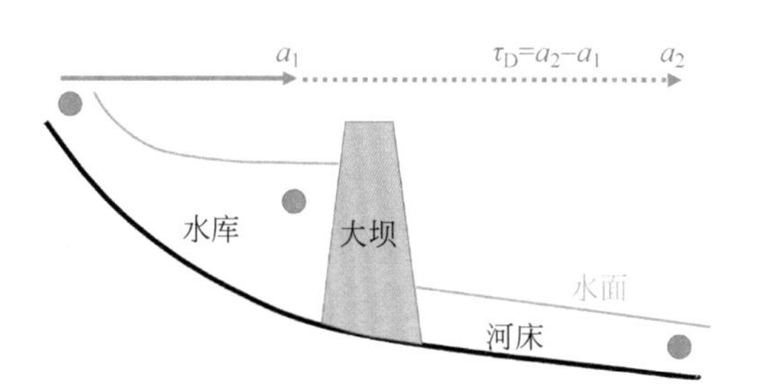

图 2-4　河流水库系统水龄及滞留时间示意图

注：a_1，a_2 代表 1，2 两个断面处的水龄，τ_D 代表动态滞留时间。

2.2　水龄季节变化特征及其对水库运行的响应

自 2003 年三峡水库蓄水以来坝前水位逐渐上升，2008 年末首次超过 170 m，至 2010 年末首次达到 175 m 最高正常运行水位，如图 2-5(a)所示。根据坝前水位变化，水库蓄水过程可以分为 3 个阶段：135～139 m 运行阶段，即第Ⅰ阶段，运行时间为 2003—2006 年；145～155 m 阶段，即第Ⅱ阶段，运行时间为 2007—2008 年；正常运行阶段，即第Ⅲ阶段，运行时间为 2009 年至今，坝前水位在 145～175 m 之间

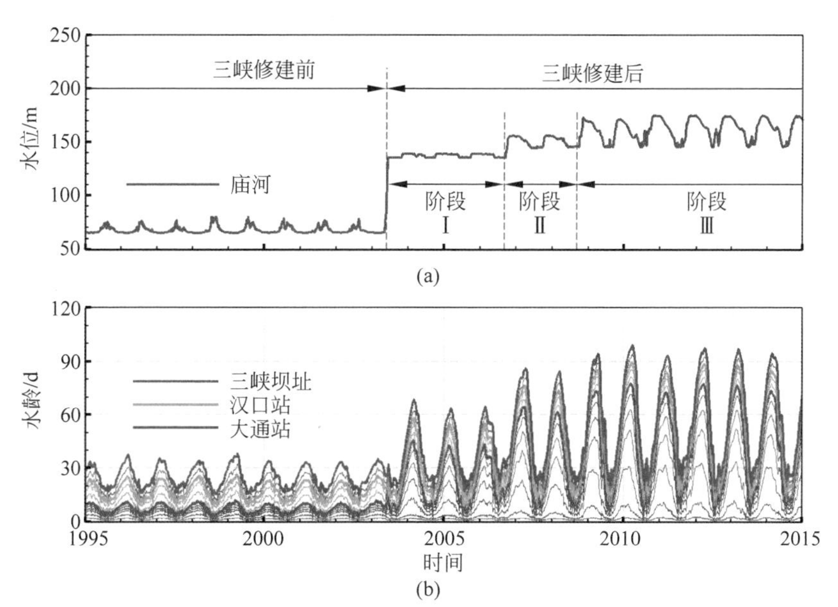

图 2-5　三峡水库坝前水位及长江干流沿程关键断面水龄变化示意图

(a) 三峡水库坝前水位；(b) 长江干流沿程关键断面水龄变化过程

注：坝前水位由大坝上游庙河站的水位表示。在图(b)中，细线分别表示朱沱—三峡坝址(红色)、三峡坝址—汉口(绿色)和汉口—大通(蓝色)河段内的站点。为清晰起见，图中仅显示 1995—2015 年水位和水龄时间序列。

变动。图 2-5(b)显示了沿程约 30 个关键断面的水龄随时间的变化过程，并用加粗线条标记了三峡大坝、汉口站和大通站等处的水龄变化过程。结果表明，水库蓄水显著改变了长江干流的水龄。在三峡水库蓄水之前，各站点的水龄整体上在 35 天以下，虽然存在季节性的周期变化，但是幅值相对较小。各站点的最大水龄都出现在枯季，最小水龄都出现在洪季，这与天然流量的季节变化有直接的关系。三峡大坝建成后，随着水库分阶段蓄水，各站点的水龄均表现出上升趋势，说明长江水龄的变化与三峡水库的修建密切相关。水库修建使得枯季水龄增加显著，但洪季水龄变化不大。自然状态下，坝址处的枯季水龄约为 10 天，汉口站和大通站分别为 25 天和 35 天左右。在三峡水库修建以后，各站点的增长趋势较为一致，阶段Ⅰ增加了约 30 天，阶段Ⅱ增加了约 20 天，阶段Ⅲ增加了约 10 天，到正常运行阶段，三峡大坝、汉口站和大通站的枯季水龄分别达到了 70 天、85 天和 95 天。各站点的水龄增长幅度大致相等。水龄增长的主要原因是枯季的流量小，且水库的水位高、蓄水量大，导致水体运动速度减慢，水龄显著增加。与枯季不同，洪季的来流量大，同时水库为了防洪而保持低水位运行，水库对水体运动的影响相对较小。因此，虽然洪季水龄也有所增加，但与枯季相比增幅有限。

2.3 水龄纵向分布特征及其对水库运行的响应

三峡水库的运行不仅增加了长江干流水龄的数值，还显著改变了干流沿程水龄的空间分布格局。图 2-6 显示了三峡水库修建前后长江干流沿程水龄月均值的纵向分布。从图 2-6(a)可以看出，在水库修建之前，干流水龄呈现沿程增加的趋势，但是整体上增长幅度较低，而且山区河段(朱沱—宜昌)的增速相较于平原河段(宜昌—河口)更缓。山区河段的最大水龄约 10 天，不同月份之间的差异较小。对于中下游的平原河段，水龄从 10 天左右增加到 30 天左右，不同月份之间具有明显差异，说明中下游平原河段的水龄沿程分布存在一定的季节变化。不同月份之间的最大差异约 20 天，其中 7—10 月份的水龄较小，2—3 月份的水龄较大，这与天然径流的洪枯变化关系密切，即 7—10 月份流量较大，2—3 月份流量较小。

对比图 2-6(a)与图 2-6(b)可以看出，三峡水库正常运行以后，水龄的沿程分布发生了显著改变。首先，库区内(原上游山区河段)的水龄显著增加，季节变化范围也显著增加。2—3 月份，坝址处水龄可达 70 天左右，而 8—10 月份，只有 10 天左右，年内变化幅度增加至两个月左右。水龄季节变化幅度的增加是流量季节变化和坝前水位调控共同作用的结果：枯季下泄流量虽有增加，但是由于水位较三峡水库修建之前大幅增高(由约 70 m 增加至 175 m)，导致流速大幅下降，因此枯季的

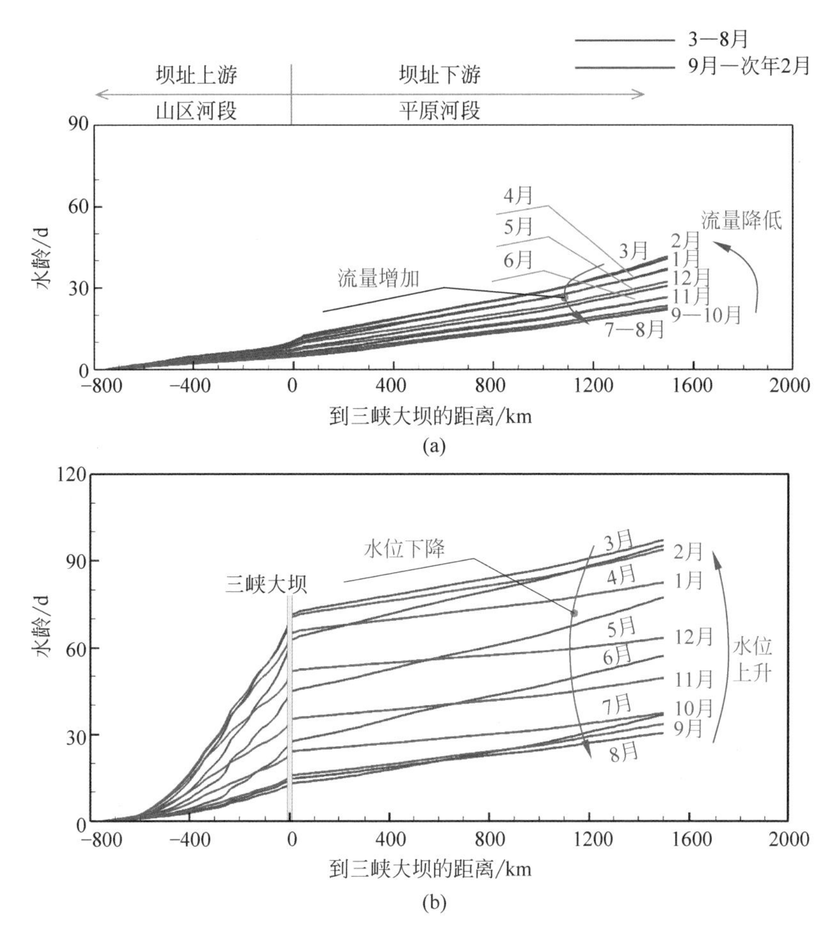

图 2-6 三峡水库修建前后长江干流沿程水龄月均值的纵向分布

(a) 三峡水库修建前干流沿程水龄分布示意图；(b) 阶段Ⅲ干流沿程水龄分布示意图

注：根据入流流量(水库修建前)和坝前水位(水库修建后)的季节变化，分别用红色和蓝色两簇曲线表示3—8月和9月—次年2月的水龄分布。

水龄增长幅度较大；在洪季，三峡水库为了调节洪峰，库区保持在低水位(145 m)运行，水库内蓄水量相对较小，加之洪季的流量较大，因此三峡水库运行引起的洪季水龄增加并不明显。受三峡水库运行影响，长江中下游的平原河段内水龄变化显著，其水龄的沿程变化幅度远小于库区。此外，中下游河段内水龄的纵向变化率受三峡水库年内水位调蓄过程影响显著，即水库蓄水期(9月—次年2月)水龄纵向增长率较小，消落期(4—7月)增长率较大。第Ⅰ阶段和第Ⅱ阶段水龄值的沿程分布与第Ⅲ阶段相似(图中没有显示)，但是变化幅度不如第Ⅲ阶段，这进一步说明了长江中下游水龄的空间分布格局改变与三峡水库的运行关系密切。

2.4 三峡库区动态滞留时间和水力滞留时间对比

本节基于水龄模拟结果计算了三峡库区内水体动态滞留时间，并与水力滞留时间进行了对比分析，评估了稳态假设对滞留时间计算结果的影响。图 2-7(a)和(b)分别为三峡水库运行第Ⅰ阶段和第Ⅲ阶段的动态滞留时间与水力滞留时间的对比情况。从图 2-7(a)可以看出，在第Ⅰ阶段内，动态滞留时间和水力滞留时间有一定差异，但季节变化特征较为一致，均在汛期较小(约 10 天)，而在枯水期较大(约 40 天)。在水库蓄水位较高的月份，即 10 月—次年 2 月，水力滞留时间相较于动态滞留时间更大，但相对差异一般小于 30%，如图 2-7(c)所示。与第Ⅰ阶段相比，第Ⅲ阶段的结果有很大不同，如图 2-7(b)所示。在 10—12 月份，水力滞留时间明显大于动态滞留时间，这 3 个月的动态滞留时间分别为 23 天、33 天和 49 天，而水力滞

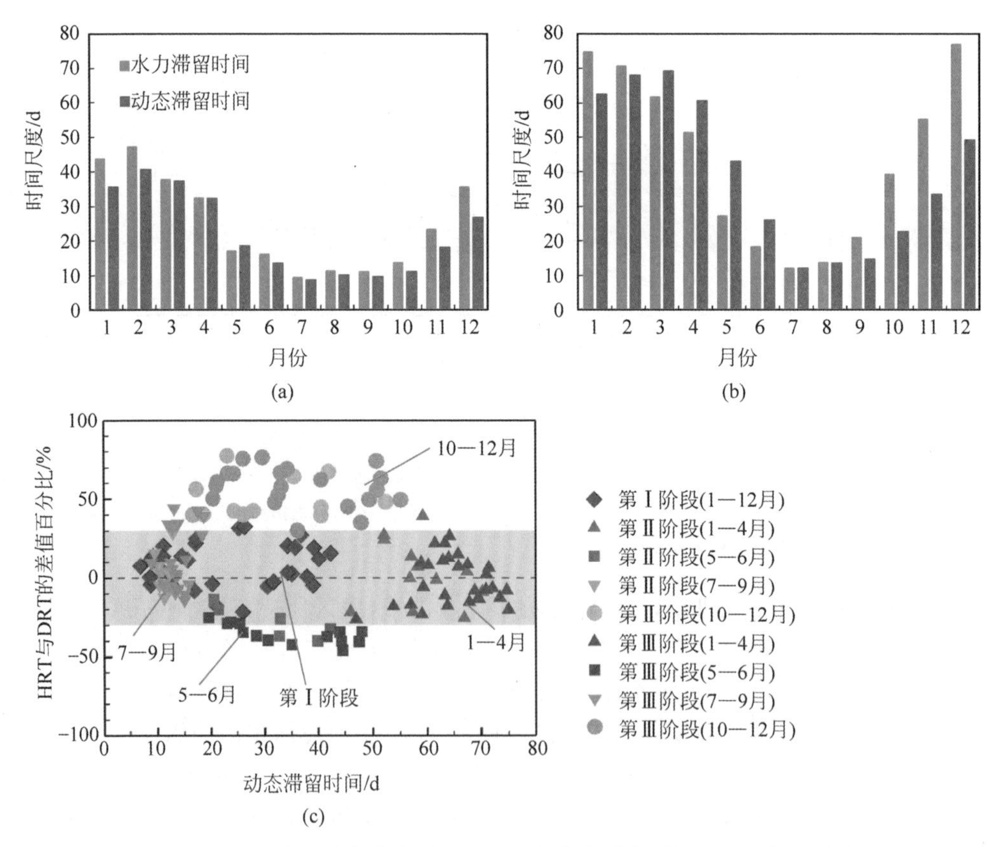

图 2-7 三峡水库动态滞留时间(DRT)与水力滞留时间(HRT)结果对比

(a) 第Ⅰ阶段动态滞留时间与水力滞留时间的逐月变化情况；(b) 第Ⅲ阶段动态滞留时间与水力滞留时间的逐月变化情况；(c) 第Ⅰ～Ⅲ阶段内逐月动态滞留时间相较于水力滞留时间的差值

注：图(c)中，差值百分比的计算方法为(HRT－DRT)/DRT。Phase Ⅰ,Ⅱ,Ⅲ分别代表第Ⅰ，第Ⅱ，第Ⅲ阶段。

留时间则分别为39天、55天和77天，相对差异可以达到80%，如图2-7(c)所示。相反，在5月和6月份，水力滞留时间明显小于动态滞留时间，相对差异高达50%，如图2-7(b)和(c)所示。

通过上述对三峡水库两种滞留时间计算结果的对比可以发现，当水库蓄水量较大时，水力滞留时间的估算值与动态滞留时间有明显差异，需要谨慎使用。根据定义，水力滞留时间是研究水域内水体平均体积与平均流量的比值，在研究季节变动时，平均值的计算周期通常取为1个月(Xu et al.，2011)，在这个计算过程中，有一个隐含的假设，即计算周期内水体体积和流量的变化不大。当水体滞留时间接近或大于计算周期时，水力滞留时间的稳态假设将失效，这是因为，预设的计算周期内的流量和体积数据不足以表示库区内水体输运的全部信息。当流量和蓄水量变动较大时，这一问题将会更加严重，例如大型水库的蓄水和泄水过程中流量和体积的变化均较为明显。

下面进一步详细解释水力滞留时间与动态滞留时间的区别和联系。在汛后蓄水期，三峡库区水力滞留时间明显大于动态滞留时间；而汛前消落期，水力滞留时间则相对偏小。以汛后蓄水期的11月为例(图2-7(b))，动态滞留时间和水力滞留时间都超过1个月，但水力滞留时间的值明显大于动态滞留时间，这就是前一个月的流量和库区水量对11月的滞留时间的影响，而水力滞留时间无法处理这一影响。类似现象在9—12月都可以观察到，这可以看作是由滞留时间过大引起的滞后效应，即流量的影响会因为滞留时间过大而向后传递。由于假定了稳态条件，水力滞留时间不能很好地处理这种滞后效应。在4—6月的消落期，水力滞留时间与动态滞留时间也有类似的现象，只是前一个月的滞留时间较长，水力滞留时间不能反映这一现象，从而得出较小的滞留时间。在洪季的7—9月份，滞留时间较短，水力滞留时间和动态滞留时间值非常接近。在枯季的1—3月份，尽管滞留时间长达2个月，水力滞留时间和动态滞留时间值也比较接近，这是由于1—3月的滞留时间相差不大，即处于相对平稳的状态。

如图2-7(b)所示，由于流量和水位的变化在1—12月份基本上是对称的，即7—8月份流量大而水位低，11月—次年2月份流量最小而水位高。水力滞留时间在年循环中也是大致对称的，这与水力滞留时间的定义相关，但是，考虑了滞后效应的动态滞留时间则是不对称的。因此，在具有较大流量的小型水库或相对稳定的情况下，水力滞留时间值是有效的，而对于流量不稳定、蓄水量大和泄洪导致的水位快速变动的大型水库是无效的。总之，当水库滞留时间尺度接近或大于预设的计算周期时，动态滞留时间可以反映记忆效应，而水力滞留时间值只能用于流量和蓄水量都较为稳定的条件，当应用于大型湖泊或水库时，它可能导致一个模糊甚至误导的物理解释。因此，为了正确分析大型水库内水体的滞留时间尺度特征，应采用动态滞留时间的计算方法，即把流量和体积变化等更多的相关信息包括在内。

2.5 不同子河段的滞留时间

根据地形和水文特征，将本章研究区域内的长江干流分为三峡库区(three gorges reservoir，TGR)、三峡大坝—洞庭湖出口(three gorges dam-Dongting lake exit，TGD-LDT)、洞庭湖出口—鄱阳湖出口(Dongting lake exit-Poyang lake export，LDT-LPY)3个子河段，并分别分析3个子河段内水体的滞留时间特征。图2-8显示了三峡水库蓄水前到正常运行阶段，不同河段洪枯季的动态滞留时间HRT。从图中可以看出，三峡大坝对长江上游和下游河段有不同的影响。在三峡库区内，随着不同阶段蓄水位的抬升，动态滞留时间也随之增加，枯季滞留时间由水库蓄水前的10天左右延长到70天左右，汛期滞留时间由5天左右延长到15天左右。在长江中下游的TGD—LDT和LDT—LPY两河段内，枯季滞留时间均从9天左右减少到7天左右，汛期滞留时间变化不大，如图2-8(b)和图2-8(c)所示。枯季下泄流量增加是导致滞留时间缩短的主要原因。图2-8(d)为三峡坝址—大通

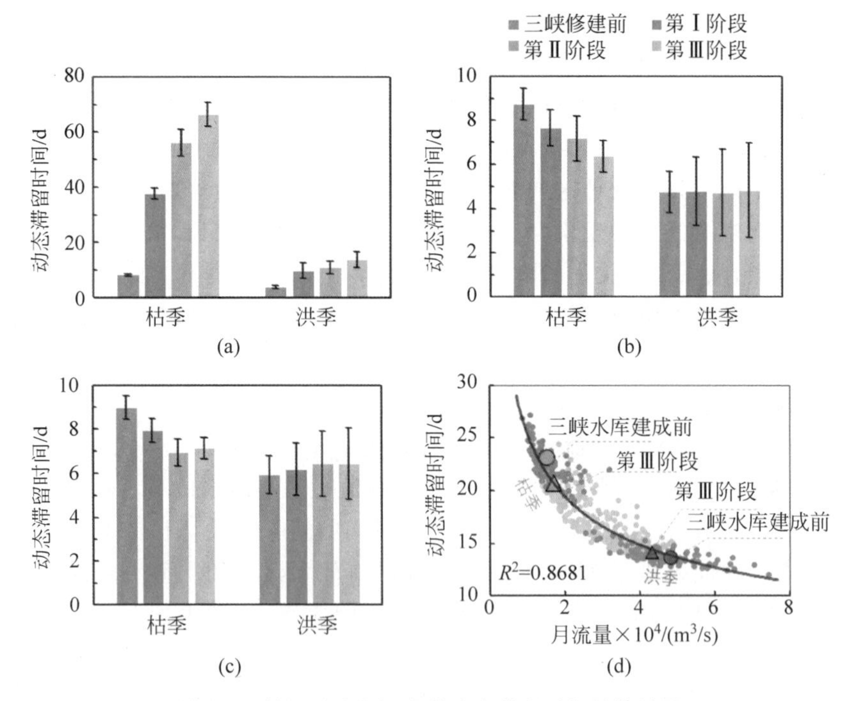

图2-8 长江干流各河段的动态滞留时间计算结果

(a) 三峡库区洪枯季的动态滞留时间；(b) 三峡大坝—洞庭湖出口洪枯季的动态滞留时间；(c) 洞庭湖出口—鄱阳湖出口洪枯季的动态滞留时间；(d) 三峡坝址—大通段的动态滞留时间与月流量的回归分析

注：根据季节流量，枯季为1—3月，洪季为6—9月。

段月平均滞留时间与流量的回归关系曲线。由拟合曲线可以看出，滞留时间与流量呈现显著的负相关关系，而且枯季曲线斜率较陡，汛期曲线较为平缓。这说明，三峡运行后对枯季流量的补充会导致滞留时间明显下降，而在洪季滞留时间受三峡调蓄的影响作用并不显著。综上所述，长江干流水体滞留时间对三峡水库运行有着系统性的响应，在不同河段、不同季节有着不同的响应规律，这些在空间和季节上的变化将对河流水体、营养物质及水生生物的输运过程等方面产生深刻的影响。

2.6　理想河道型水库的水龄和滞留时间分析

最后，通过解析方法分析一个理想几何形状河道型水库的水龄变化，并分析动态滞留时间。该水库长度为 L，且具有固定的横截面形状。假设水体微团在 $t=0$ 时进入该河段，则它离开研究区域需要的时间尺度 a 即为水体粒子在该河段的动态滞留时间。对该水体微团随经历的流速 $u=\mathrm{d}x/\mathrm{d}t$ 进行时间积分，得到

$$\int_0^a u\,\mathrm{d}t=\int_0^L \mathrm{d}x=L \tag{2-11}$$

因为 $u(t)=Q(t)/A(t)$，上式可写为

$$\int_0^a \frac{Q(t)}{A(t)}\mathrm{d}t=\frac{Q(a)}{A(a)}\int_0^a \frac{Q(t)}{A(t)}\cdot\frac{A(a)}{Q(a)}\mathrm{d}t=L \tag{2-12}$$

$$a\cdot\frac{1}{a}\int_0^a \frac{Q(t)}{A(t)}\cdot\frac{A(a)}{Q(a)}\mathrm{d}t=\frac{L\cdot A(a)}{Q(a)}=\frac{V(a)}{Q(a)} \tag{2-13}$$

记水力滞留时间 $\mathrm{HRT}=V(a)/Q(a)$，则

$$\mathrm{HRT}=\mathrm{DRT}\cdot f \tag{2-14}$$

其中 f 是一个无量纲系数，可以记为

$$f=\frac{1}{a}\int_0^a \frac{Q(t)}{Q(a)}\cdot\frac{A(a)}{A(t)}\mathrm{d}t \tag{2-15}$$

当 a 很小时，$f\to 1$，即 HRT 与 DRT 数值大致相等。在三峡水库的蓄水期（如10—12月份），库区的水位增加，$A(t)<A(a)$，而且流量下降，$Q(t)>Q(a)$，因此 $\frac{Q(t)}{Q(a)}\cdot\frac{A(a)}{A(t)}>1$，可以得到 $f>1$，即 HRT$>$DRT。在三峡水库的消落期（如5—7月份），库区水位下降，$A(t)>A(a)$，而且流量增加，$Q(t)<Q(a)$，因此 $\frac{Q(t)}{Q(a)}\cdot\frac{A(a)}{A(t)}<1$，可以得到 $f<1$，即 HRT$<$DRT。由此可知，f 的大小取决于大坝水位调控和流量的季节性变化，可以很好地解释 HRT 和 DRT 在年内季节变化上的差异。分析结果给出了 DRT 和 HRT 的定性关系，与数值模拟的结果一致。然而，相较于分析结果，数值模拟解决方案可以包括更多细节，如空间变化的地形、流量

和水位的波动，并提供了更多断面的水体滞留时间信息。

2.7 本章小结

本章以长江干流河段为研究对象，建立了长江干流一维水动力模型和水龄模型，研究了三峡水库运行对长江水体输运时间尺度的变化规律。结果显示：三峡水库建成后，长江干流枯季水龄显著增加、洪季水龄变化相对较小。在枯季，三峡大坝、汉口和大通 3 个站点的水龄分别从自然条件下的 10 天、25 天和 35 天，增加到 70 天、85 天和 95 天，增长幅度约 60 天。三峡水库运行不仅增加了长江干流水龄的数值，还显著改变了干流沿程水龄的空间分布格局。长江中下游的平原河段内水龄及其纵向变化率均受三峡水库调蓄作用的影响且变化显著。水库蓄水期水龄纵向增长率较小，消落期增长率较大。

三峡水库正常运行阶段，水力滞留时间的估算值与动态滞留时间有明显差异，这是因为水力滞留时间值只能应用于流量和蓄水量都较为稳定的条件。在汛后蓄水期，库区内水力滞留时间显著大于动态滞留时间；而在汛前消落期，水力滞留时间则相对偏小，相对差异可以分别达到 80%和 50%。当水库滞留时间值接近或大于预设的计算周期时，水力滞留时间误差较大，而动态滞留时间可以较好地反映记忆效应。因此，在使用水力滞留时间解释水库内水体滞留时间尺度时应谨慎，尤其是对于大型水库，建议采用动态滞留时间的计算方法。

参考文献

DELEERSNIJDER E, CAMPIN J M, DELHEZ E J M, 2001. The concept of age in marine modelling I. Theory and preliminary model results[J]. Journal of Marine Systems, 28(3-4): 229-267.

GUO W X, HE N, BAN X, et al., 2022. Multi-scale variability of hydrothermal regime based on wavelet analysis-the middle reaches of the Yangtze River, China[J]. Science of The Total Environment, 841: 156598.

HUANG Z L, WANG L H, 2018. Yangtze Dams increasingly threaten the survival of the Chinese sturgeon[J]. Current Biology, 28: 3640-3647. e18.

ISLAM A, RAGHUWANSHI N S, SINGH R, et al., 2005. Comparison of gradually varied flow computation algorithms for open-channel network[J]. Journal of Irrigation and Drainage Engineering, 131: 457-465.

MAAVARA T, CHEN Q, METER K V, et al., 2020. River dam impacts on biogeochemical cycling[J]. Nature Reviews Earth & Environment, 1: 103-116.

MILLIMAN J D, FARNSWORTH K L, 2011. River discharge to the coastal ocean: a global

synthesis[C]//Cambridge University Press：201110.101.7/CBO9780511781247.
SONG C, DODDS W K, RüEGG J, et al., 2018. Continental-scale decrease in net primary productivity in streams due to climate warming[J]. Nature Geoscience, 11：415-420.
SUN J, ZHANG M, ZHOU J J, et al., 2019. Investigation on hydrothermal processes in a large channel-type reservoir using an integrated physics-based model[J]. Journal of Hydroinformatics, 21：493-509.
WOODWARD G, BONADA N, BROWN L E, et al., 2016. The effects of climatic fluctuations and extreme events on running water ecosystems[J]. Biological Sciences, 371.
XU Y, ZHANG M, WANG L, et al., 2011. Changes in water types under the regulated mode of water level in Three Gorges Reservoir, China[J]. Quaternary International, 244：272-279.
ZHU D, CHEN Y, WANG Z, et al., 2011. Simple, robust, and efficient algorithm for gradually varied subcritical flow simulation in general channel networks[J]. Journal of Hydraulic Engineering, 137：766-774.

CHAPTER 3

第3章　水库影响下长江干流悬沙浓度变化分析

河流悬沙作为水中营养物质的重要载体，其浓度分布影响着营养盐吸附过程、水体透明度以及河流的基本生境条件。河流上的大型水库运行后，库区泥沙淤积，大坝下游输沙量大幅减少，从库区到河口的悬沙浓度值和分布特征发生重塑。由于大坝下游河道的冲刷和支流的补充作用，从大坝下游沿程看，河道悬沙浓度在长距离上有所恢复，但这种恢复能力随着水库运行时间的延长、河床冲刷发展的过程又有所变化。当前对于长江这种大型水库影响下河流系统的悬沙浓度变化特征仍缺乏深入研究。本章以从三峡库区到河口潮区界的长江干流悬沙浓度为研究对象，对水库运行影响下的悬沙浓度时空变化特征进行了分析。重构了上游水库运行前后(1985—2018年)干流悬沙浓度的时空分布；基于相对贡献率的概念，定量评估了主要沙源因子对干流悬沙浓度的贡献，其中重点分析了中下游通江湖泊汇流贡献的变化；以提出的水库下游河道的悬沙浓度恢复半经验半理论模拟方法为核心，建立了干流悬沙浓度预测模型，针对未来两湖与干流悬沙交换关系以及入海悬沙浓度的变化趋势做了分析。本章还基于双累积曲线法，评估了人类活动对长江流域内悬沙浓度变化的相对影响。

3.1　干流悬沙浓度沿程分布的重构方法

在“水库影响下长江干流水沙环境变化”研究中，基于实测水沙数据对悬沙浓度沿程分布进行重构。重构的具体方法是在保证水量和沙量守恒的条件下先对径流量和悬沙通量分别进行重构，进一步得到悬沙浓度的沿程分布。

以年径流量为例，相邻两个实测站点之间的年径流量沿程分布假设为线性分布，其径流量沿程线性变化的原因可以认为主要是区间来流。如果在这两个站点之间存在支流入汇或流出，则认为在去除支流入汇或流出的年径流量时站点之间的线性插值方法仍然适用，以此保证重构计算时水量守恒。根据这样的原则可以计算出在干支流相交的节点处汇流前后的年径流量，从而建立起径流量的沿程分布。在有支流入汇情况下河段内重构的年径流量沿程分布如图 3-1 所示，表达式如下：

$$W^x=\frac{(W^{\mathrm{O}}-W^{\mathrm{I}}-W^{\mathrm{T}})}{L_{\mathrm{ac}}}x+W^{\mathrm{I}}\quad(x\leqslant L_{\mathrm{ab}})\tag{3-1}$$

$$W^x=\frac{(W^{\mathrm{O}}-W^{\mathrm{I}}-W^{\mathrm{T}})}{L_{\mathrm{ac}}}x+W^{\mathrm{I}}+W^{\mathrm{T}}\quad(x\geqslant L_{\mathrm{ab}})\tag{3-2}$$

式中：x——距离河段入口处站点 A 点的距离，km；

W^x——河段内 x 位置处的年径流量，亿 m^3；

W^{I}，W^{O}，W^{T}——河段内干流入口控制站、干流出口控制站和支流控制站的年径流量，亿 m^3；

L_{ab}——入口站和支流汇流节点 B 点之间的距离，km，在汇流节点处 W^x 存在汇流前后两个值的突变；

L_{ac}——整个河段的长度，km。

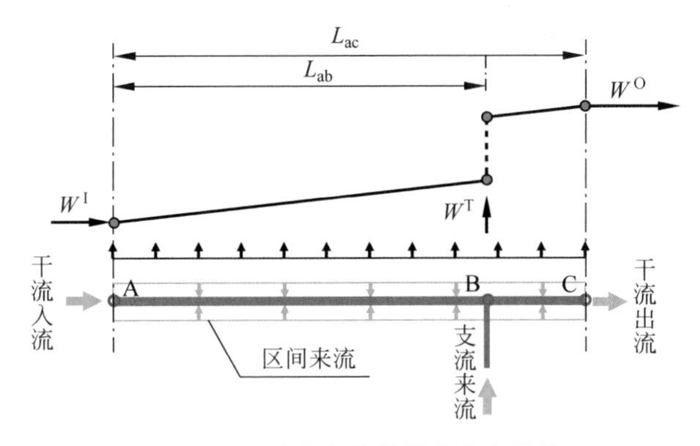

图 3-1　干流年径流量沿程分布重构

按照年径流量的沿程分布重构方法，河段内年悬沙通量的沿程分布表达式为

$$W_{\mathrm{s}}^x=\frac{(W_{\mathrm{s}}^{\mathrm{O}}-W_{\mathrm{s}}^{\mathrm{I}}-W_{\mathrm{s}}^{\mathrm{T}})}{L_{\mathrm{ac}}}x+W_{\mathrm{s}}^{\mathrm{I}}\quad(x\leqslant L_{\mathrm{ab}})\tag{3-3}$$

$$W_{\mathrm{s}}^x=\frac{(W_{\mathrm{s}}^{\mathrm{O}}-W_{\mathrm{s}}^{\mathrm{I}}-W_{\mathrm{s}}^{\mathrm{T}})}{L_{\mathrm{ac}}}x+W_{\mathrm{s}}^{\mathrm{I}}+W_{\mathrm{s}}^{\mathrm{T}}\quad(x\geqslant L_{\mathrm{ab}})\tag{3-4}$$

式中：W_{s}^x——河段内 x 位置处的年悬沙通量，亿 t，在汇流节点 B 点处 W_{s}^x 存在汇

流前后两个值的突变；

W_s^I, W_s^O, W_s^T——干流入口控制站、干流出口控制站和支流控制站的年悬沙通量，亿 t。

在建立了年径流量和年悬沙通量的沿程分布后，通过年悬沙通量和年径流量相除，就可以得到年平均悬沙浓度，则河段内某位置 x 处的悬沙浓度 S^x（kg/m^3）表达式为

$$S^x = W_s^x / W^x \tag{3-5}$$

在本研究中，使用的年平均悬沙浓度实际代表的是逐日悬沙浓度经过对应的一年的逐日平均流量加权得到的河流悬沙浓度。

此外，在重构多年平均的年径流量和年悬沙通量的沿程分布时，干流控制点和支流汇流前后节点处的水沙通量值取多年的算术平均值。多年平均的年悬沙浓度通过重构的多年平均年悬沙通量和年径流量相除得到。

3.2 长江干流悬沙浓度的时空分布格局

3.2.1 长江干流径流量时空变化

利用 3.1 节中提出的重构方法，重构了长江干流年径流量的时空分布。图 3-2 给出了 1985—2018 年 3 个不同阶段的干流平均年径流量的沿程分布。这 3 个时间阶段分别代表以下时期：三峡水库蓄水运行前期（1985—2002 年），三峡水库蓄水运行前 10 年（2003—2012 年），金沙江下游梯级水库运行后时期（2013—2018 年）。

从图 3-2 可知，三峡水库蓄水前后各阶段的干流年径流量沿程分布趋势基本一致，从朱沱站到大通站，沿程汇流使得年径流量向下游不断增加，增幅约 2.4 倍。在干流三峡库区段，1985—2018 年朱沱站的平均年径流量为 2638 亿 m^3，嘉陵江和乌江入汇的平均年径流量分别为 604 亿 m^3 和 468 亿 m^3，分别占出库流量（宜昌站）4193 亿 m^3 的 62.9%、14.4%和 11.2%。到了干流中下游段，洞庭湖和鄱阳湖的汇流使得干流流量明显增加。1985—2018 年间洞庭湖的净汇流（城陵矶入流减去荆江河段的三口分流）、鄱阳湖的汇流和汉江的汇流分别占入海径流量（大通站）的 22.4%、17.4%和 3.9%。值得注意的是，2003—2012 年螺山—大通的平均年径流量（灰线）低于另外两个阶段（蓝线和红线），大通站的年径流量比起 1985—2002 年和 2013—2018 年间分别低了 9%和 7%。从图 3-2 中可发现最主要的原因是该时期洞庭湖和鄱阳湖入汇径流量的相对减少。其中，2003—2012 年洞庭湖去除三口分流后的净汇流量为 1800 亿 m^3，比 1985—2002 年（2066 亿 m^3）和 2013—2018 年（2118 亿 m^3）两个时期分别低 12.9%和 15.0%。2003—2012 年鄱阳湖的年汇流量为 1403 亿 m^3，比 1985—2002 年（1603 亿 m^3）和 2013—2018 年（1610 亿 m^3）

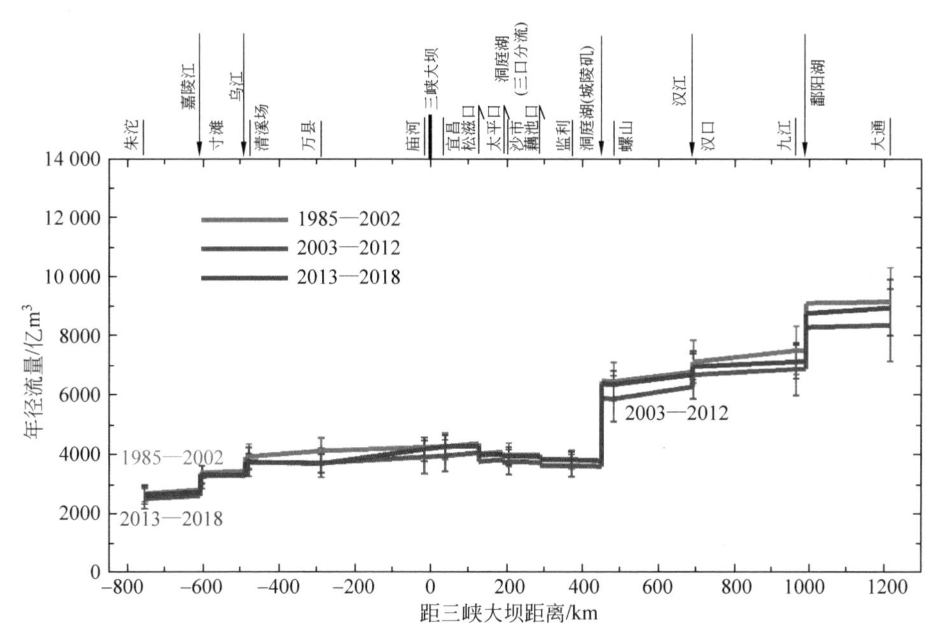

图 3-2 三峡水库运行前后长江干流多年平均径流量沿程分布(朱沱—大通)

注：图中的短细线代表统计时段内年径流量的均值偏离1倍样本标准差的误差线。

两个时期分别低12.5%和12.9%。同时在该段时期内，2006年和2011年也是流域降水较枯的年份(张俊 等，2019)。因此，城陵矶以下该时期沿程的平均年径流量一直低于另外两个时期。

对比3个阶段可以看出，除了在2003—2012年间城陵矶下游站点年径流量比起其他两个阶段略低外，干流同一站点的年径流量在水库运行前后没有明显变化，所有站点的多年平均径流量在3个阶段之间的变幅均在10%左右。

3.2.2 长江干支流悬沙浓度的时间变化分析

图3-3(a)点绘了长江干流4个代表站即三峡库区入库站朱沱站、干流上游控制站宜昌站、干流中游代表站汉口站和干流入海控制站大通站的年平均悬沙浓度随时间的变化。图3-3(b)中分别给出了这4个站的年平均悬沙浓度累积距平值，以反映1985—2018年间悬沙浓度高低变化的宏观趋势。在累积距平值持续上升时期，表示该段时间内的悬沙浓度一直高于平均值，因此该段时间在统计年限中处于高悬沙浓度时期；反之，则处于低悬沙浓度时期。从图3-3(a)中可以看出，干流站点的悬沙浓度都发生了不同程度的下降。其中，朱沱站在1999年以后悬沙浓度呈减少趋势，且在2013年后进一步降低，年平均悬沙浓度从1.19 kg/m^3(1985—1998年)下降至2018年的0.22 kg/m^3，降幅达82%。在统计年限内来看，1985—

2001 年可以认为是朱沱站相对高悬沙浓度时期，2002—2018 年是朱沱站的相对低悬沙浓度时期。宜昌站的悬沙浓度在 2003 年经历了大幅度的降低，此后保持较低水平的悬沙浓度，其 2003—2018 年的悬沙浓度平均值 0.09 kg/m^3 较 1985—2002 年的平均值 0.96 kg/m^3 下降了 91%。汉口站和大通站的悬沙浓度一直呈减小趋势，2003 年也是这两个控制站由相对高悬沙浓度时期进入相对低悬沙浓度时期的转折点。比较 1985—2002 年和 2003—2018 年两个阶段的平均悬沙浓度，汉口站由 0.47 kg/m^3 降低至 0.15 kg/m^3，大通站由 0.38 kg/m^3 降低至 0.15 kg/m^3，降幅分别是 68% 和 61%。整体上看，宜昌站、汉口站、大通站的变化趋势相对同步，其相对高悬沙浓度和低悬沙浓度时期的转折年份均是 2003 年。

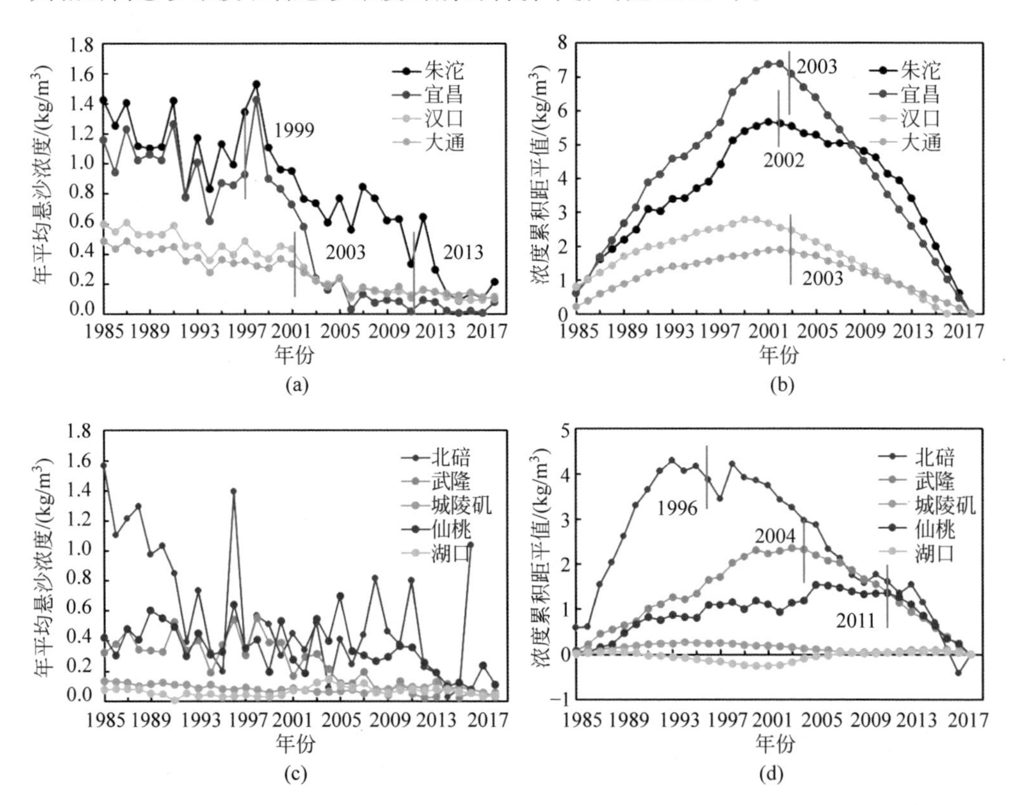

图 3-3 长江干流代表性站点和支流控制站点悬沙浓度历年变化、悬沙浓度累积距平值历年变化

(a) 长江干流代表站点悬沙浓度历年变化；(b) 长江干流代表站点悬沙浓度累积距平值历年变化；(c) 长江支流控制站点悬沙浓度历年变化；(d) 长江支流控制站点悬沙浓度累积距平值历年变化

图 3-3(c) 点绘了研究区域内 5 个支流控制站即嘉陵江北碚站、乌江武隆站、洞庭湖汇流城陵矶站、汉江仙桃站和鄱阳湖汇流湖口站年平均悬沙浓度随时间的变化。图 3-3(d) 中分别给出了这 5 个站的年平均悬沙浓度累积距平值。从图中看

出，各支流的悬沙浓度变化存在较大的差异性。北碚站的悬沙浓度整体上有下降趋势，但是年际变化波动较大，其累积距平曲线上升和下降的趋势交替，难以准确划分相对的高低悬沙浓度时期，大致可将 1996 年划分为转折年份，悬沙浓度由相对高浓度时期（1985—1995 年）的 1.00 kg/m^3，下降至相对低浓度时期（1996—2018 年）的 0.44 kg/m^3；武隆站的悬沙浓度在 2004 年后有明显降低趋势，其悬沙浓度在 2004 年前后分别为 0.37 kg/m^3 和 0.09 kg/m^3；仙桃站的悬沙浓度变化趋势不明显，在 2011 年后可以认为有一定转折，2011 年前后多年平均悬沙浓度值分别为 0.40 kg/m^3 和 0.18 kg/m^3。相对于 3 条大型支流，入汇干流的两个通江湖泊的悬沙浓度则相对较低，城陵矶站的多年平均悬沙浓度为 0.09 kg/m^3；鄱阳湖湖口站的多年平均悬沙浓度为 0.06 kg/m^3，悬沙浓度变化趋势同样不明显。

由上述分析可知，干流和主要支流的悬沙浓度随时间变化不同步。干流朱沱站的悬沙浓度在 1999 年和 2013 年之后发生相对明显的趋势性降低。干流宜昌站、汉口站、大通站的悬沙浓度变化相对同步，2003 年是相对高低悬沙浓度变化的转折年份。嘉陵江入汇的悬沙浓度呈现出较复杂的随时间变化的趋势。乌江入汇的悬沙浓度在 2004 年后有下降趋势。汉江入汇的悬沙浓度在 2011 年后处于相对低悬沙浓度时期。洞庭湖和鄱阳湖入汇的悬沙浓度没有明显的随时间变化趋势。

3.2.3 长江干流悬沙浓度的沿程分布

基于重构后的干流年平均悬沙浓度沿程分布如图 3-4(a)所示，可以概览和评估水库运行前后不同阶段长江干流悬沙浓度的时空变化过程。在过去的 30 余年间，悬沙浓度的量值下降了一个量级，沿程分布特征在 3 个阶段之间发生了显著变化。在三峡水库蓄水运行前，悬沙浓度保持在相对较高的水平，并且从山区河段到平原河段，悬沙浓度沿程逐级递减呈下降趋势，洞庭湖的入汇显著降低了干流的悬沙浓度。从多年平均悬沙浓度上看，从朱沱站（～1.1 kg/m^3）到监利站（～0.9 kg/m^3）悬沙浓度略有降低，洞庭湖入汇使干流悬沙浓度在城陵矶附近下降了约 0.3 kg/m^3，城陵矶以下到大通站悬沙浓度从～0.5 kg/m^3 下降至～0.4 kg/m^3。

三峡水库蓄水运行后，坝下游宜昌站的悬沙浓度在 2003—2012 年和 2013—2018 年两个阶段内分别下降至约 0.12 kg/m^3 和 0.04 kg/m^3。干流悬沙浓度沿程分布以三峡坝址为界，悬沙浓度呈现出先降低再升高的 V 字形分布格局。悬沙浓度下降的主要原因是三峡水库的拦沙效应，以及上游水土保持工程开展和金沙江下游梯级水库修建引起的三峡水库来沙的减少。而对于朱沱站，三峡水库蓄水运行 10 年后其悬沙浓度已降至 0.65 kg/m^3，在近期（2013—2018 年）金沙江下游向家坝和溪洛渡水库投入运行之后，其悬沙浓度进一步下降至 0.16 kg/m^3。

在三峡水库下游 450 km 长的坝下—城陵矶（其中宜昌—城陵矶河段 410 km）

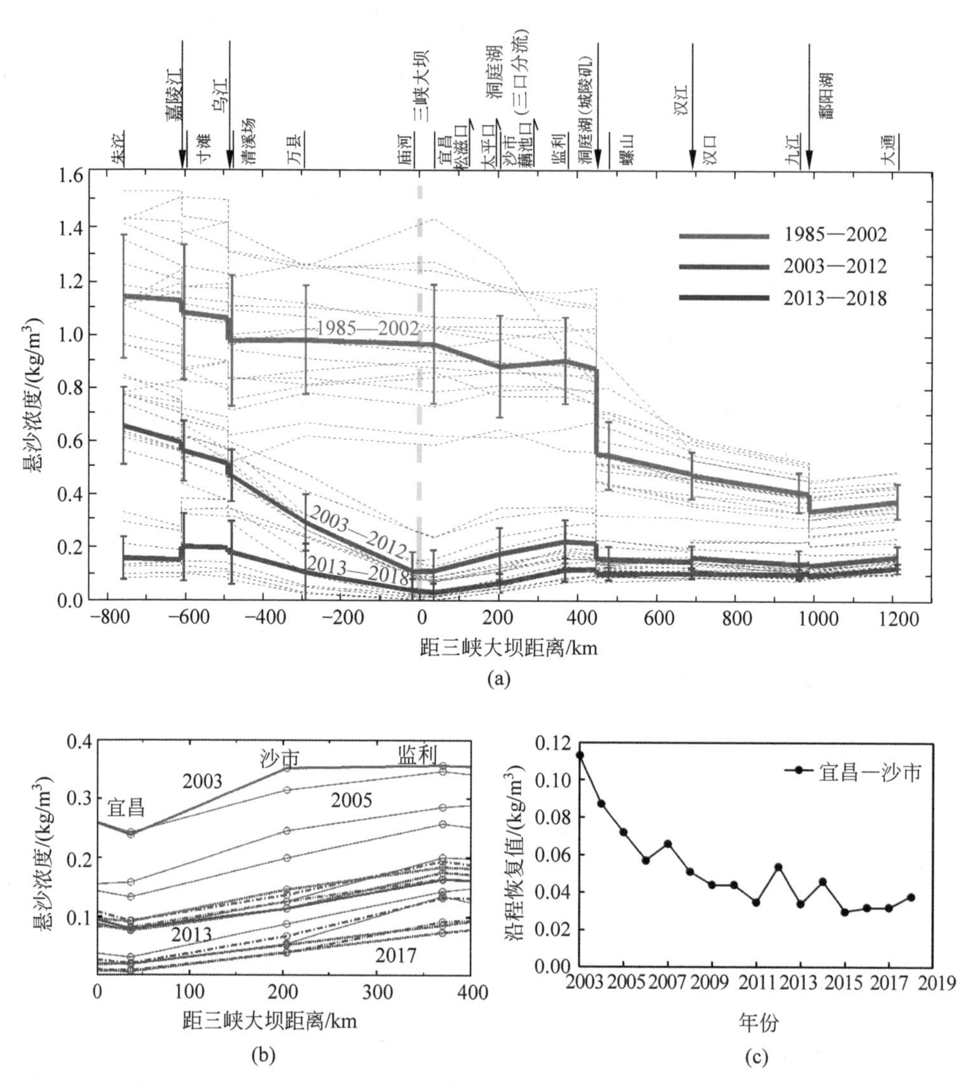

图 3-4 1985—2018 年长江干流年平均悬沙浓度沿程分布(朱沱—大通)

(a) 长江干流及沿程主要控制站的悬沙浓度变化；(b) 宜昌—城陵矶河段 2003—2018 年逐年的悬沙浓度沿程恢复过程；(c) 宜昌—沙市河段 2003—2018 年逐年的悬沙浓度恢复值

注：图(a)中干流沿程主要控制站和支流入汇的位置在图上方的坐标轴上标出。图中细线代表统计时段内年平均悬沙浓度的均值偏离 1 倍样本标准差的误差线。

河段中，经过沿程河床和河岸的侵蚀补充后悬沙浓度有一定程度的恢复，但是在洞庭湖入汇之后这种恢复不再明显。在图 3-4(b)中展示了坝下宜昌—监利河段悬沙浓度沿程恢复的过程，可以看出，随着时间的增加，悬沙浓度的沿程恢复过程在往下游推进，近坝段河道的悬沙浓度恢复能力越来越小。图 3-4(c)展示了坝下近端宜昌—沙市河段悬沙浓度恢复值的逐年变化。从2003年开始，该河段悬沙浓度恢复值从0.11 kg/m^{3}降低至近年来(2013—2018年)的0.04 kg/m^3，河道的悬沙恢复能力不断降低，这种恢复能力的降低与冲刷导致的河道可恢复泥沙减少、河床的明显粗化有关(郭小虎 等，2017)。2003—2018年，整个宜昌—城陵矶河段的悬沙浓度年平均恢复水平约为0.1 kg/m^3，与洞庭湖出流的悬沙浓度水平相当。因此，随着水库拦沙等效应造成干流悬沙浓度的下降，洞庭湖出流对干流悬沙浓度的降低作用已经逐渐消失。

从图3-4(a)可以发现，2014年后干流悬沙浓度在经历了水库拦沙、下游部分河道的悬沙浓度恢复以及沿程支流和湖泊汇合等复杂的水沙过程后，长江大通站入海的悬沙浓度开始高于干流上游山区控制站朱沱站的悬沙浓度。这种河流在高山峡谷段和入海段悬沙浓度相对大小的"倒置"现象，反映了水库运行对长江干流悬沙浓度时空变化的系统性影响。

3.3 人类活动对长江干支流悬沙浓度变化的影响

3.3.1 双累积曲线法评估人类活动的影响

双累积曲线法(double mass curve analysis)广泛应用于对降雨量、径流量、输沙量等水文变量进行长期演变趋势的分析。近年来双累积曲线法已被应用于识别长江流域由人为干扰引起的水文情势的变化(许炯心 等，2008)。所谓双累积曲线，就是在直角坐标系的两个坐标轴下分别绘制出一个变量的连续累积值和另一个变量的连续累积值在同一时期内的关系曲线。理论上对于两个相关的水文变量的累积值，如果两个变量之间的比例保持不变，则双累积曲线应该大致成一条直线。如果曲线的斜率存在突变，则表明了突变点前后两个变量的比例关系发生了趋势性改变，这种改变通常是因为持续的气候变化或剧烈的人类活动。因此，在本研究中使用悬沙浓度-径流量的双累积曲线法来评估人类活动和气候变化对悬沙浓度变化的相对影响。由于长江流域的降雨和径流存在着高度稳定的正相关性，因此径流量的变化主要对应流域内降雨条件的变化(Zhao et al.，2017)，而降雨的改变正是气候变化的结果。图3-5为干流宜昌站年平均悬沙浓度-年径流量双累积曲线，用来分析在1985—2018年间人类活动在宜昌站悬沙浓度减小过程中所起到的相对作用。

如图3-5所示，在突变点前后，双累积曲线斜率显著改变。以曲线斜率变化前的1985—2002年作为基准期，变化后的2003—2018年作为变化期，此时对于变化期的某一年的实际悬沙浓度S_{obs}与基准期的年平均悬沙浓度S_{bas}之间的差值ΔS_{total}可以认为是由人类活动贡献量ΔS_{hum}和气候变化贡献量ΔS_{clim}两个分量

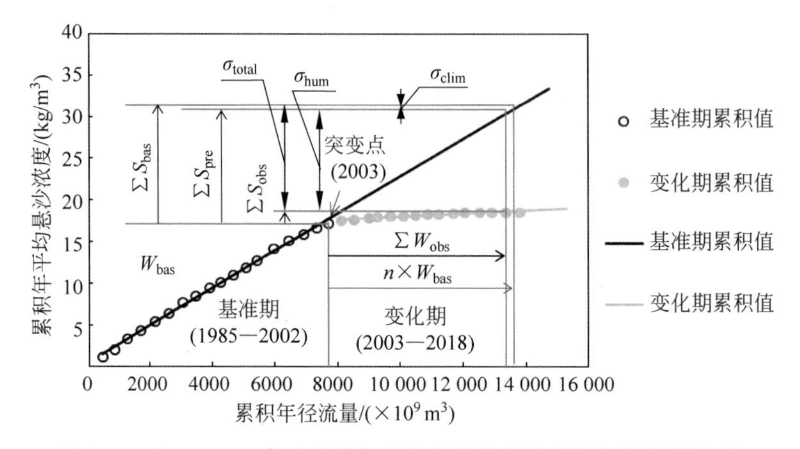

图 3-5 1985—2018 年宜昌站年平均悬沙浓度-年径流量双累积曲线

引起的，即

$$\Delta S_{\text{total}} = \Delta S_{\text{hum}} + \Delta S_{\text{clim}} \tag{3-6}$$

$$\Delta S_{\text{hum}} = S_{\text{obs}} - S_{\text{pre}} \tag{3-7}$$

$$\Delta S_{\text{clim}} = S_{\text{pre}} - S_{\text{bas}} \tag{3-8}$$

其中，S_{pre} 代表不受人类活动影响下的该年的预期悬沙浓度，可以通过基准期建立的年平均悬沙浓度-年径流量的线性关系的斜率 k_{bas} 和该年的实际径流量 W_{obs} 相乘来推求，即

$$S_{\text{pre}} = k_{\text{bas}} W_{\text{obs}} \tag{3-9}$$

对于基准期的年平均悬沙浓度 S_{bas}，可以按以下方法推求：

$$S_{\text{bas}} = k_{\text{bas}} W_{\text{bas}} \tag{3-10}$$

其中，W_{bas} 为基准期内的年平均径流量。因此在整个变化期(用 n 年表示)内，对式(3-6)～式(3-8)做多年平均悬沙浓度的计算，可以得到变化期内偏离基准期的年平均悬沙浓度变化量 $\overline{\Delta S}_{\text{total}}$、人类活动贡献量 $\overline{\Delta S}_{\text{hum}}$、气候变化贡献量 $\overline{\Delta S}_{\text{clim}}$：

$$\overline{\Delta S}_{\text{total}} = \overline{\Delta S}_{\text{hum}} + \overline{\Delta S}_{\text{clim}} \tag{3-11}$$

$$\overline{\Delta S}_{\text{hum}} = \sigma_{\text{hum}}/n = \left(\sum S_{\text{obs}} - \sum S_{\text{pre}}\right)/n \tag{3-12}$$

$$\overline{\Delta S}_{\text{clim}} = \sigma_{\text{clim}}/n = \left(\sum S_{\text{pre}} - n \times S_{\text{bas}}\right)/n \tag{3-13}$$

其中，σ_{hum} 为人类活动的总贡献量，σ_{clim} 为气候变化的总贡献量。从而在变化期内人类活动和气候变化对悬沙浓度改变所占的贡献分别为

$$\eta_{\text{hum}} = \frac{\overline{\Delta S}_{\text{hum}}}{\overline{\Delta S}_{\text{total}}} \times 100\% \tag{3-14}$$

$$\eta_{\text{clim}} = \frac{\overline{\Delta S}_{\text{clim}}}{\overline{\Delta S}_{\text{total}}} \times 100\% \tag{3-15}$$

3.3.2　人类活动对长江悬沙浓度的影响评价

本节使用长江流域干支流控制站1985—2018年间的径流和悬沙资料绘制年平均悬沙浓度-年径流量的双累积曲线，如图3-6(a)～(g)所示。基于双累积曲线法来分析悬沙浓度的变化趋势，并量化自然因素和人类因素在其中的相对贡献。考虑到长江流域干流和各支流流域降水量和径流量这两个水文变量之间的高度稳

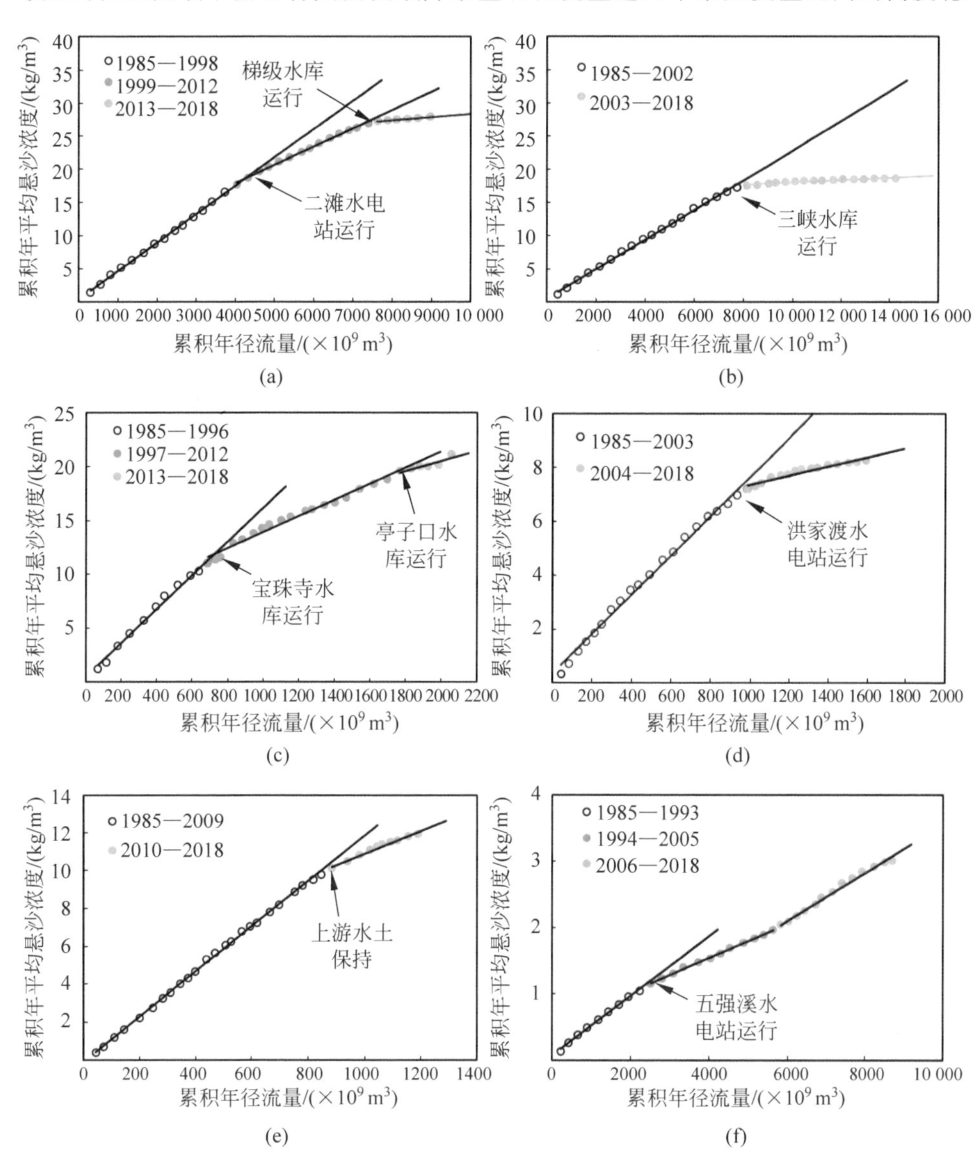

图3-6　干流和支流控制站年径流量-年平均悬沙浓度双累积曲线

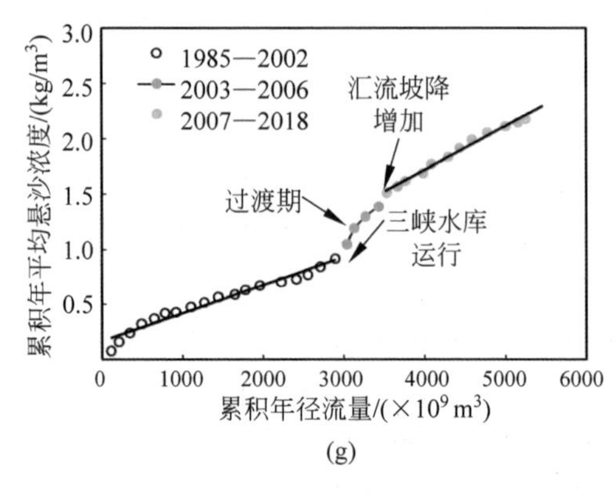

图 3-6 （续）

定的正相关性(Zhao et al.,2017),径流量的变化可以认为是流域内自然降水条件的变化。表 3-1 给出了通过双累积曲线法计算出的不同时段人类活动对长江流域干流和主要支流悬沙浓度变化的相对贡献。

表 3-1 不同时段人类活动对长江流域干流和主要支流悬沙浓度变化的相对贡献

流域	控制站	时间段	实测年平均悬沙浓度/(kg/m³)	预测年平均悬沙浓度/(kg/m³)	年平均悬沙浓度改变量/(kg/m³)	径流变化引起的变化量/(kg/m³)	人类活动引起的变化量/(kg/m³)	径流量变化相对贡献/%	人类活动相对贡献/%
长江干流	朱沱	1985—1998	1.145						
		1999—2012	0.738	1.123	−0.407	−0.022	−0.385	−5.4	−94.6
		2013—2018	0.151	1.138	−0.983	−0.007	−0.975	−0.7	−99.3
	宜昌	1985—2002	0.943						
		2003—2018	0.086	0.899	−0.857	−0.045	−0.813	−5.2	−94.8
	汉口	1985—2002	0.429						
		2003—2018	0.147	0.408	−0.281	−0.020	−0.261	−7.1	−92.9
	大通	1985—2002	0.367						
		2003—2018	0.154	0.344	−0.213	−0.023	−0.190	−10.9	−89.1
嘉陵江	北碚	1985—1996	1.004						
		1997—2012	0.456	0.955	−0.548	−0.049	−0.499	−8.9	−91.1
		2013—2018	0.396	0.962	−0.609	−0.042	−0.566	−6.9	−93.1
乌江	武隆	1985—2003	0.363						
		2004—2018	0.086	0.394	−0.308	0.001	−0.308	+	—
汉江	仙桃	1985—2009	0.421						
		2010—2018	0.202	0.404	−0.219	−0.016	−0.202	−7.5	−92.5

续表

流域	控制站	时间段	实测年平均悬沙浓度/(kg/m^3)	预测年平均悬沙浓度/(kg/m^3)	年平均悬沙浓度改变量/(kg/m^3)	径流变化引起的变化量/(kg/m^3)	人类活动引起的变化量/(kg/m^3)	径流量变化相对贡献/%	人类活动相对贡献/%
洞庭湖	城陵矶	1985—1993	0.099						
		1994—2005	0.077	0.112	−0.023	0.013	−0.036	+	−
		2006—2018	0.080	0.095	−0.020	−0.004	−0.015	−21.3	−78.7
鄱阳湖	湖口	1985—2002	0.048						
		2003—2006	0.117	0.040	0.069	−0.008	0.077	−	+
		2007—2018	0.062	0.050	0.014	0.002	0.013	12.4	87.6

注：表中相对贡献的负值和正值分别代表降低和增高悬沙浓度的作用。当某时期气候变化和人类活动对悬沙浓度增减起到的作用相反时，仅给出正负趋势。

如图3-6(a)(b)和表3-1所示，对于长江流域干流的4个站点：朱沱、宜昌、汉口和大通，年平均悬沙浓度在突变点之后的变化期与突变之前的基准期相比有着明显的下降，其中水库建设等人类活动对悬沙浓度的降低有重要影响，其相对贡献率都超过85%。对于宜昌站、汉口站和大通站，2003年开始检测到悬沙浓度的下降趋势，这对应2003年三峡水库的蓄水运行。三峡水库运行对这3个站点悬沙浓度的相对影响，从上游向下游逐渐降低，其贡献率从94.8%降至89.1%。如图3-6(c)～(e)所示，1985—2018年，嘉陵江、乌江和汉江的悬沙浓度也发生了趋势性的降低，人类活动对嘉陵江、乌江和汉江悬沙浓度降低的贡献率超过90%。如图3-6(f)所示，对于洞庭湖而言，人类活动导致了1994—2005年悬沙浓度的下降(表3-1)，但是该段时间内降水又进入相对丰富的时期。如图3-6(g)所示，对于鄱阳湖而言，自2007年以来，人类活动导致了悬沙浓度较历史参考时期有所增加，这可能是由于三峡大坝下游河道侵蚀导致下游水位降低，从而使得鄱阳湖在湖口处出流的比降增大，悬沙浓度有所增加。以上这些结果表明，1985—2018年间，长江流域人类活动对悬沙浓度变化的影响远超过了流域降水变化的影响，是流域内干流悬沙浓度下降的主要原因。

3.4　流域主要沙源因子对干流悬沙浓度相对贡献率的变化

3.4.1　沙源因子相对贡献率的定义

基于重构的干流沿程悬沙浓度分布，可以通过支流汇流引起的干流悬沙浓度变化量来衡量支流对干流悬沙浓度的贡献。其中，河流型支流(嘉陵江、乌江和汉江)和湖泊(洞庭湖和鄱阳湖)汇流的贡献分别记为 ΔS_{r} 和 ΔS_{l}。当贡献为正值时($\Delta S>0$),表示支流入汇之后提高了干流悬沙浓度;而贡献为负值时($\Delta S<0$),则表示支流入汇之后降低了干流悬沙浓度。除了河流型支流和湖泊汇入之外,干流的悬沙浓度也会因为局部河道的综合动力作用而发生改变,具体的动力过程包括局部河床发生的侵蚀或淤积过程、河岸发生的崩塌过程以及河道两岸向干流的汇流汇沙过程。将干流河道综合动力作用引起的干流悬沙浓度的变化量定义为河道对干流悬沙浓度的贡献,记为 ΔS_{c}。在本节中,具体衡量了以下 3 段局部河道的贡献:朱沱—宜昌段,宜昌—城陵矶段,城陵矶—大通段。根据上述针对不同沙源因子对干流悬沙浓度贡献量的定义,对于长江干流的河流系统而言,有以下关系成立:

$$\Delta S_{\mathrm{tot}}=\sum_{\mathrm{r}}\Delta S_{\mathrm{r}}+\sum_{\mathrm{l}}\Delta S_{\mathrm{l}}+\sum_{\mathrm{c}}\Delta S_{\mathrm{c}} \tag{3-16}$$

其中,ΔS_{tot} 表示从干流上游到下游总的悬沙浓度变化量。

为了评估不同沙源因子对干流悬沙浓度贡献的相对大小,在绝对贡献量的基础上,本书还定义了一个无量纲数——相对贡献率 d_x,即贡献量 ΔS_x 与干流特征悬沙浓度$\langle S\rangle$的比值,记为

$$d_x=\frac{\Delta S_x}{\langle \mathrm{S}\rangle}\times 100\% \tag{3-17}$$

其中,x 代表不同泥沙来源的动力因子的作用,具体分为河流型支流(r)、湖泊(l)或局部河道(c)。$\langle S\rangle$代表和悬沙浓度变化量相关的最大干流悬沙浓度,以一条河流型支流为例,当 $\Delta S_{\mathrm{r}}>0$ 时,$\langle S\rangle$取支流-干流汇合处下游的悬沙浓度;反之当 $\Delta S_{\mathrm{r}}<0$ 时,则取汇合处上游的悬沙浓度。

3.4.2 水库运行前后主要沙源因子对干流悬沙浓度贡献率分析

由于人类活动的影响,1985—2018 年,长江干流和 3 条大型支流(嘉陵江、乌江和汉江)的悬沙浓度明显降低,如图 3-7(a)~(d)所示。尽管在两湖(洞庭湖和鄱阳湖)上游河流也修建了水库,但是两湖出流的悬沙浓度仍然维持在较稳定的状态。从 20 世纪 80 年代中期到 20 世纪 90 年代之初,朱沱站(主要代表金沙江流域产沙水平)的悬沙浓度和嘉陵江的悬沙浓度较高,在 0.8~1.5 kg/m^3 范围内,如图 3-7(a)(b)所示,而乌江和汉江的悬沙浓度较低,约 0.5 kg/m^3,如图 3-7(c)(d)所示。这主要是因为大型水库修建前长江上游的两个重点产沙区域就是金沙江下游流域和嘉陵江流域(许炯心 等,2008)。汉江较低的悬沙浓度主要是因为 20 世纪 70 年代丹江口水库的修建和运行,而乌江在历史上就是输沙模数相对较低的河流(张信宝 等,2011)。在 20 世纪 90 年代中期以后,伴随着流域内大型水库的陆续运行,人类活动对于悬沙浓度的影响进一步显现出来。在朱沱站上游,雅砻江上

二滩水电站(库容 58 亿 m^3)和金沙江流域梯级水库(向家坝和溪洛渡水库总库容 178 亿 m^3)的蓄水运行,使得朱沱站的悬沙浓度从约 1.2 kg/m^3(1999 年以前)下降至约 0.2 kg/m^3(2013 年以后)。嘉陵江入汇的悬沙浓度从约 1.2 kg/m^3(1988 年以前)降低到了约 0.2 kg/m^3(2013 年后)。这主要是因为在嘉陵江流域开展了大规模的水土保持活动,到 2010 年累计水土保持面积达 3.12 万 km^2(高鹏 等,2010),同时还有大型水库的投入运行(宝珠寺水库和亭子口水库)。在统计时间内,有一个例外是 1998 年的长江流域大洪水年,悬沙浓度在该年剧烈增加。乌江

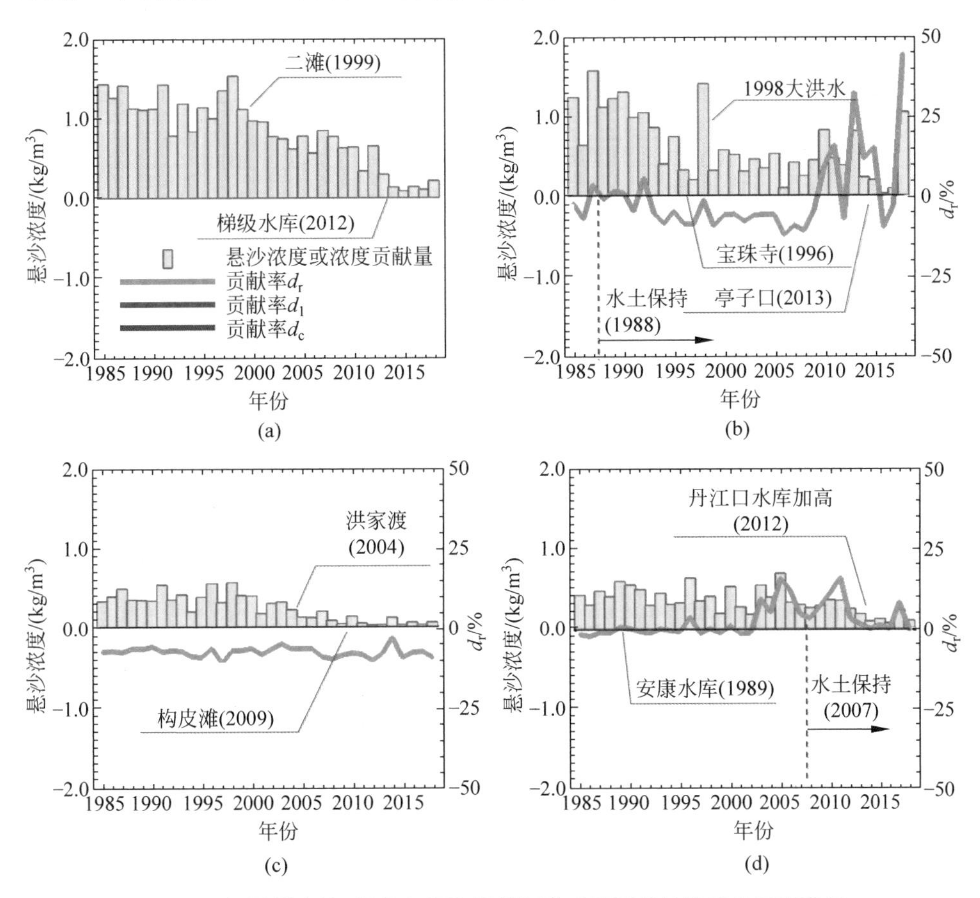

图 3-7　河流型支流、湖泊入汇和局部河道对干流悬沙浓度的贡献变化

注:灰色的柱状图表示朱沱站的悬沙浓度(图(a))、支流控制站的悬沙浓度(图(b)～(f))和局部河道对悬沙浓度的贡献量(图(g)～(i));朱沱站的悬沙浓度代表的是三峡水库上游干流的来沙水平;彩色的实线分别表示河流型支流入汇(记为 d_r,图(b)～(d))、湖泊入汇(记为 d_l,图(e)～(f))和局部河道(记为 d_c,图(g)～(i))对干流悬沙浓度的相对贡献率;从朱沱到大通的河段具体分为 3 段:朱沱—宜昌段、宜昌—城陵矶段和城陵矶—大通段(图(g)～(i));在研究时间范围内,流域内发生的主要人类活动的时间节点已在各图中标出,其中包括一些大型水库的修建运行和大范围内开展的水土保持工程,水库的信息见表 1-1。

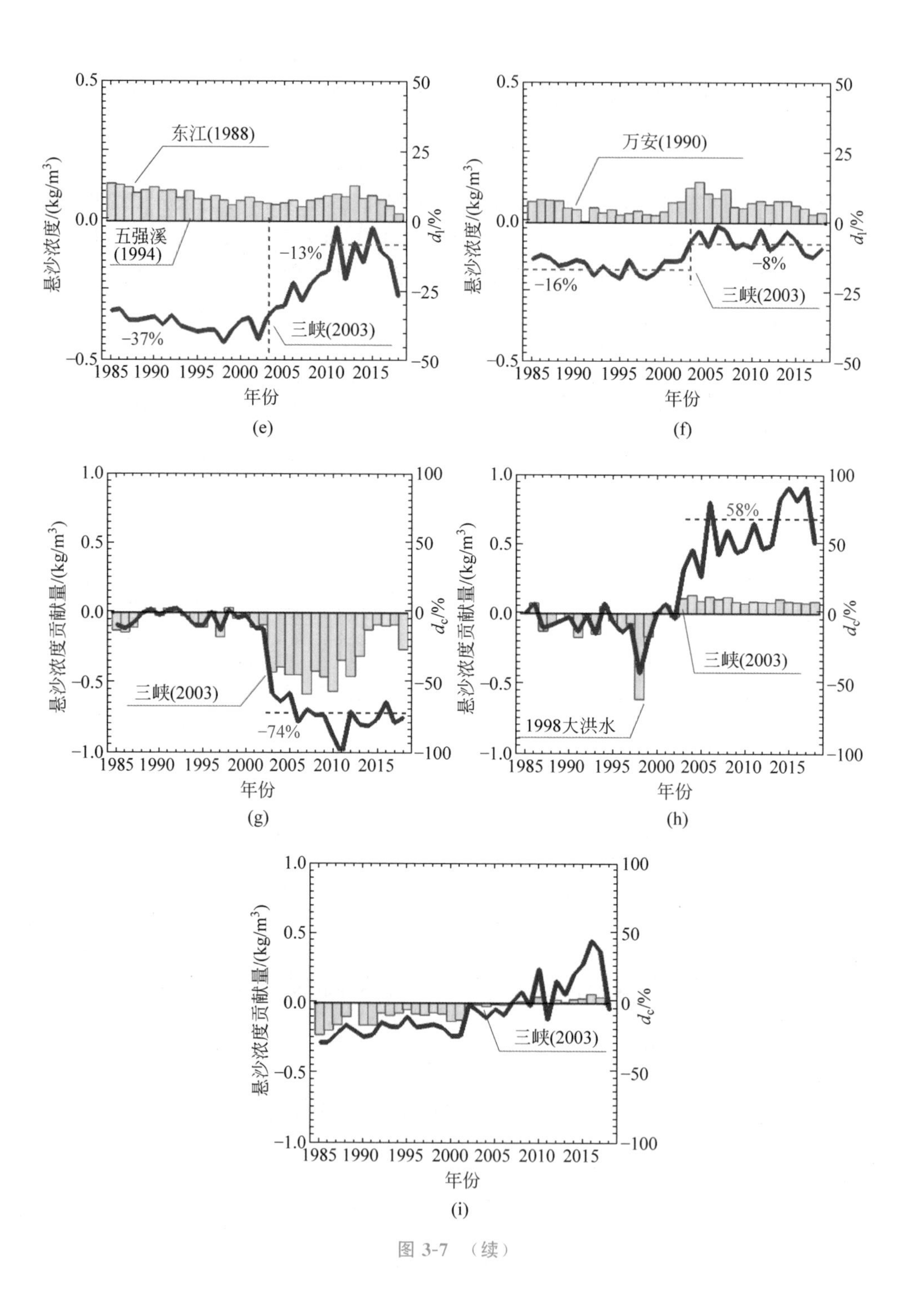
东江(1988)
五强溪
(1994)
-13%
-37%
三峡(2003)
悬沙浓度/(kg/m3)
d_l/%
年份
(e)
万安(1990)
-16%
-8%
三峡(2003)
(f)
三峡(2003)
-74%
悬沙浓度贡献量/(kg/m3)
d_c/%
(g)
58%
三峡(2003)
1998大洪水
(h)
三峡(2003)
(i)

图 3-7 （续）

和汉江有相似的悬沙浓度减小趋势，如图 3-7(c)(d)所示。而对于两湖而言，尽管在两湖流域的上游也修建了一些大型水库(东江水库、五强溪水库和万安水库)，但是两湖出流的悬沙浓度并没有明显变化，如图 3-7(e)(f)所示，始终维持在 0.1 kg/m^3 左右的水平。

随着流域内干流和支流悬沙浓度的下降，主要支流、湖泊和局部河道对长江干流悬沙浓度的相对贡献也发生了变化，特别是在 2003 年三峡水库蓄水运行之后，这种情况尤为明显。其中，洞庭湖出流对干流悬沙浓度的相对贡献率从 2003 年之前的－37％增加到之后的－13％，洞庭湖出流的低含沙水流对干流的悬沙浓度的强稀释作用逐渐减弱，如图 3-7(e)所示。同样，鄱阳湖也表现出这种悬沙浓度稀释作用减弱的现象，相对贡献率从－16％增加至－8％，如图 3-7(f)所示。

局部河道对干流悬沙浓度的相对贡献率与河道泥沙动力作用密切相关。在朱沱—宜昌河段(主要包括三峡库区段)，水库的淤积作用极大地降低了上游来流的悬沙浓度，因此河道对干流悬沙浓度的相对贡献率从几乎为零降低为－74％，如图 3-7(g)所示。大坝下游的宜昌—城陵矶河段，在 2003 年三峡水库运行之前为负的相对贡献率，这表示该河段的动力作用主要以淤积降低悬沙浓度为主。例如在 1998 年大洪水期间，宜昌—城陵矶河段使得干流悬沙浓度下降了 0.6 kg/m^3，此时的相对贡献率达到了－40％。但在 2003 年三峡水库运行之后，宜昌—城陵矶河段对干流悬沙浓度的相对贡献率迅速由负转正，其平均水平可高达 58％。这说明水库运行后，下游河段的冲刷提供了悬沙浓度沿程恢复的沙源，如图 3-7(h)所示。对于宜昌—城陵矶河段不断减弱的悬沙浓度恢复过程，未来干流的悬沙浓度甚至会低于洞庭湖出流的悬沙浓度，这种趋势从图 3-7(e)中不断升高的洞庭湖相对贡献率也可以看出。

城陵矶—大通河段局部河道提供的沙源在悬沙浓度的恢复过程中起着越来越重要的作用，整个河段在近期(2013 年后)对悬沙浓度的相对贡献率已经从负向(淤积作用为主)趋势转为正向(冲刷作用为主)趋势，并且很快增加至 40％(2016—2017 年)，但是在 2018 年又有所降低。这是因为 2018 年是近期长江上游干支流来沙相对较高的年份，其中嘉陵江汇流在 2018 年的正向贡献高达 45％，如图 3-7(b)所示，从而导致整个水库下游的悬沙浓度都较高；城陵矶—大通河段的悬沙浓度因河道的淤积作用而显示出负的相对贡献率。

综上所述，由于在长江流域开展的大型水库建设以及水土保持活动，1985—2018 年间主要沙源因子对干流悬沙浓度的相对贡献发生了较大变化。三峡水库运行后随着水库出流的悬沙浓度的大幅下降，大坝下游宜昌—城陵矶河道由淤转冲，从水库运行前干流悬沙浓度轻微的降低(相对贡献率－7％)迅速转变为显著的恢复(相对贡献率 58％)，城陵矶—大通河段的泥沙动力过程也呈现出贡献率由负到正的转变趋势。经湖泊淤积作用调蓄后，两湖出流的低含沙水流在三峡水库运行前的历史时期保持稳定的稀释干流相对较高含沙水流的作用（洞庭湖和鄱阳湖的相对贡献率分别为－37％和－16％），而水库运行后这种稀释作用不断减弱（分别变为－13％和－8％）。河道悬沙浓度的沿程恢复过程和湖泊稀释作用的减弱都使得中下游沿程直至入海河道内悬沙浓度的降幅比起坝下有所减缓，这对中下游河流系统维持一定的悬沙浓度以避免进入极低悬沙水平（～0.01 kg/m^3）的“清水”状态起着关键作用。

3.5 长江中下游两湖相对贡献率和入海悬沙浓度变化预测分析

3.5.1 水库下游宜昌—城陵矶河段悬沙浓度沿程恢复模型

水库运行后，大坝下游的悬沙浓度经过河床或河岸的侵蚀在沿程有所恢复，这也是水流挟沙状态从非饱和状态转变为完全或部分饱和状态的过程。但是随着水库运行时间的增加，大坝下游河段的恢复能力也会随之下降，因为经过逐年冲刷，可侵蚀的泥沙数量降低，床沙发生粗化，尤其是对于大坝下游近处的河床和河岸而言更是如此。实际上，由于河道的侵蚀过程具有高度的复杂性和存在多种耦合作用，正确地模拟和预测实际水库运行下的下游河道悬沙浓度的恢复过程仍然是当前研究的热点和难点（葛华，2010；Yuan et al.，2012；Lai et al.，2017）。

本节从水库下游河道悬沙沿程恢复的特征和不平衡输沙的理论公式出发（钱宁 等，1987；韩其为，2013），基于实测的水库下游河道悬沙浓度数据，提出了一个半经验半理论模型来模拟三峡大坝下游宜昌—城陵矶河段悬沙浓度的沿程恢复过程，具体方法如下。

首先根据水库下游河道悬沙沿程恢复的概念，在水库下游河道内悬沙浓度的恢复过程符合以下方程：

$$S_x = S_I + (S_\infty^* - S_I) \cdot (1 - e^{-k(x-x_0)}) \tag{3-18}$$

式中：S_x 和 S_I——河段某位置处和河段入口处（宜昌）的悬沙浓度，kg/m^3；

$x-x_0$——河段某位置处与河段入口处的距离，km；

S_∞^*——无侵蚀状态下的河段综合饱和挟沙力，kg/m^3；

k——河段沿程单位距离的悬沙浓度恢复率，称为沿程恢复系数，1/km，表征整个河段对悬沙浓度的综合恢复能力。

考虑到 S_∞^* 随着流量大小的改变，可将其具体定义为

$$S_\infty^* = S_\infty^m (Q/Q^m)^\gamma \tag{3-19}$$

式中：S_{∞}^{m}——在水库运行后较短时间内坝下冲刷达到饱和挟沙时实测的悬沙浓度值，kg/m³；

Q^{m}——坝下冲刷达到饱和挟沙时对应的入口处流量，m³/s；

Q——计算条件下的入口处流量，m³/s；

γ——悬沙浓度与流量相关的系数。

从图 3-4(b)中可知，在水库运行初期坝下宜昌—城陵矶河段，悬沙浓度在沙市站和监利站已达到饱和挟沙，在本研究中，$S_{\infty}^{\mathrm{m}}=0.356\ \mathrm{kg/m^3}$。$\gamma$ 可以通过河相关系和泥沙输运公式的系数来求得，其值在 0.6～1.8(邵学军 等，2005)，在本研究中经过率定取 1.1。

对于沿程恢复系数 k，随着下游河道冲刷时间的增加，k 值也随之下降。本研究选择通过建立 k 值与河道累计侵蚀量 E_{s}(亿 t)之间的回归关系来表示 k 随时间的降低过程。这里的侵蚀量 E_{s} 的计算方法选用的是输沙率法。基于水库运行后宜昌站和监利站年平均悬沙浓度、河道累计侵蚀量及宜昌站年平均流量实测数据，k 和 E_{s} 之间存在指数回归关系，如图 3-8 所示，其拟合相关系数可达 0.90：

$$k=4.684\times\exp(-0.296\times E_{\mathrm{s}}) \tag{3-20}$$

其中，累计侵蚀量 $E_{\mathrm{s}}=\int_0^t e_{\mathrm{s}}\mathrm{d}t$，$e_{\mathrm{s}}$ 代表单位时间的冲刷率(亿 t/a)。因此，宜昌—城陵矶河段的沿程悬沙浓度可具体表示为

$$S_x=S_{\mathrm{I}}+\left(0.356\times\left(\frac{Q}{Q^{\mathrm{m}}}\right)^{1.1}-S_{\mathrm{I}}\right)\left(1-\mathrm{e}^{-k(x-x_0)}\right) \tag{3-21}$$

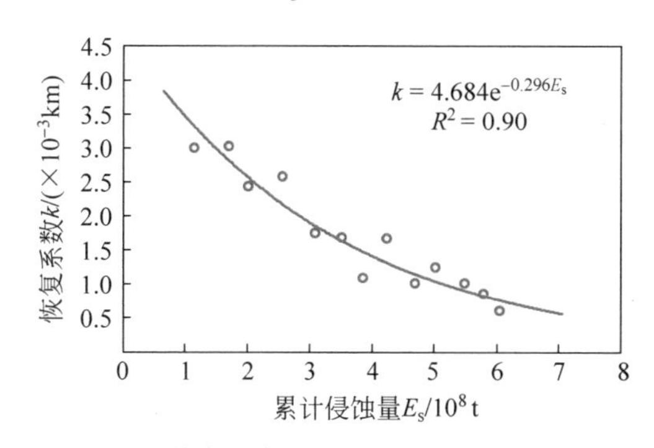

图 3-8　沿程恢复系数(k)和累计侵蚀量(E_{s})的关系

应用独立的实测悬沙浓度数据(沙市站，2003—2016 年)对本模型进行了验证(图 3-9)，验证结果的纳什效率系数为 0.97。对于本研究从干流水体的悬沙浓度建立的半经验半理论模型，一方面悬沙浓度沿程恢复速率的回归关系相关性较好($R^2=0.90$)，另一方面利用独立数据进行模型验证的结果也很好。因此，本书所建立的模型可以较好地模拟出坝下宜昌—城陵矶河段之间的悬沙浓度值的恢复过

程，可用于预测该河段未来悬沙浓度变化。

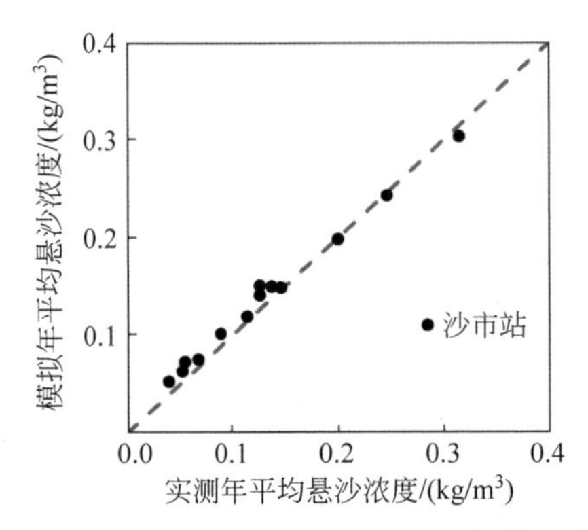

图 3-9 沙市站年平均悬沙浓度实测值与模拟值比较

3.5.2 上游水库淤积和城陵矶—大通河段悬沙浓度变化经验模型

本研究中采用水库淤积率的经验公式(Brune，1953；Yang et al.，2014)计算三峡出库泥沙浓度变化，其关系满足

$$R = 183 \times (C/I)^{0.312}$$

式中：R——水库淤积率；

C——水库库容；

I——水库来流的年径流量。

随着水库淤积量不断累积，水库库容减小，淤积率随之减小。

对于未来入库的水量，取三峡水库蓄水运行至 2018 年的朱沱站、北碚站和武隆站的年平均径流量。对于未来入库的沙量，基于梯级水库运行后 2013—2018 年最新的来沙数据，假设未来分为高、中、低 3 种来沙水平。其中，中等水平的来沙取 2013—2018 年上述 3 站各站的年平均来沙，较高水平的来沙取来沙量累积频率分布曲线的 75%处的沙量，较低水平的来沙取频率分布曲线 25%处的沙量。考虑到向家坝水库是金沙江梯级水库开发的最下游一级，并且在 2013 年后，金沙江梯级水库群中向家坝和溪洛渡这两座已建成的水库年平均拦沙率高达 98%(秦蕾蕾等，2019)，因此可以认为未来将投入运行的梯级水库(白鹤滩水库和乌东德水库)并不会对三峡入库泥沙有明显的影响。本书中基于 2013—2018 年的来沙数据给定的高、中、低 3 种工况可以充分代表未来的水库上游来沙情况。

三峡库区区间来沙的沙量根据 Yang 等(2014)的计算取 2003—2012 年的平均沙量 0.31 亿 t/a。经过上述过程的计算，在高、中、低 3 种工况下总入库沙量分别为 1.415 亿 t/a、1.033 亿 t/a 和 0.681 亿 t/a。

针对城陵矶—大通河段，相对于大坝下游直接受水库运行影响强烈的河段，局部河段的悬沙浓度沿程变化则相对简单一些。本研究中通过建立局部河段出流悬沙浓度 S_{out} 和入流悬沙浓度 S_{in} 的回归关系模型来模拟悬沙浓度变化过程。考虑到城陵矶—大通河段长度较长，因此以汉口和九江为界分成 3 个子河段来考虑。每个子河段的入流悬沙浓度考虑了河段中有支流时汇入的作用。建立回归模型时根据城陵矶—汉口、汉口—九江和九江—大通 3 个河段分别建立 S_{out} 和 S_{in} 的关系，结果如图 3-10 所示。

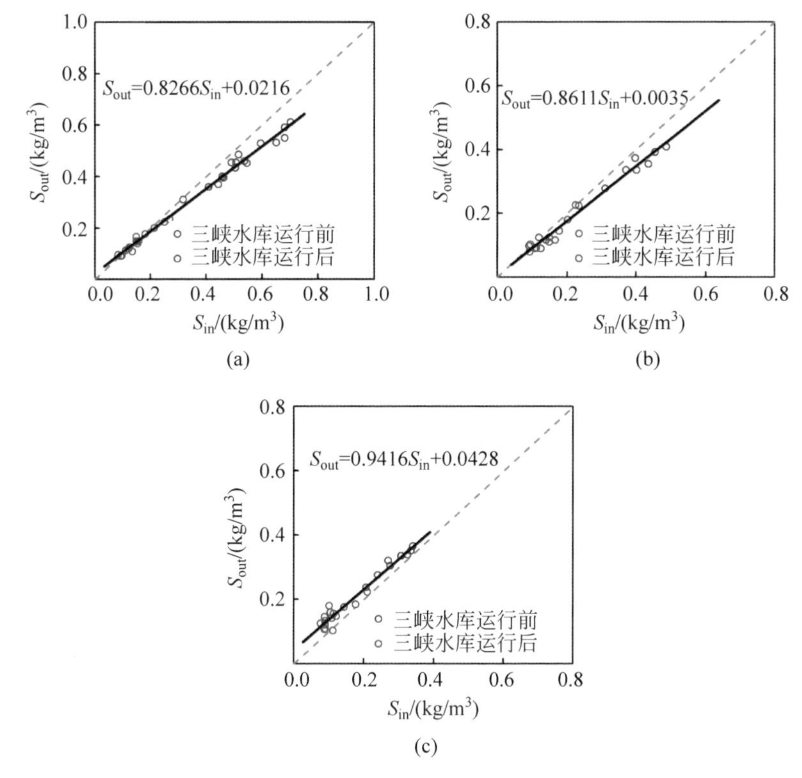

图 3-10 局部河段出流和入流悬沙浓度回归关系

(a) 城陵矶—汉口出流和入流悬沙浓度回归关系；(b) 汉口—九江出流和入流悬沙浓度回归关系；(c) 九江—大通出流和入流悬沙浓度回归关系

从拟合的结果看，针对 3 个局部河段分别建立的出流和入流悬沙浓度之间均存在着较好的回归关系，相关系数分别为 0.99、0.98 和 0.96，因此可认为这些回归关系可以很好地模拟中下游悬沙浓度的沿程变化。

针对沿程主要支流汇入汇出的过程，在进行未来情境预测时主要有以下假设：根据郭小虎等(2014)的分析，未来一段时间内荆江三口年分流比变化将不大，因此假设未来三口分流比延续现状(2013—2018 年平均值)；由于湖泊的淤积调蓄作用，假设洞庭湖城陵矶处和鄱阳湖湖口处入汇的水量和悬沙浓度维持三峡水库运行后(2013—2018)的多年平均水平；假设汉江入汇的水量和沙量也维持2003—2018年的多年平均水平。

3.5.3 两湖对干流悬沙浓度相对贡献率的变化趋势分析

基于3.5.2节中建立的长江中下游干流悬沙浓度预测模型，本节预测了未来情境下洞庭湖和鄱阳湖对干流悬沙浓度的相对贡献率，其中三峡水库来沙水平假设为3.5.2节中给出的平均来沙水平。从图3-11中可知，洞庭湖入汇对干流悬沙浓度的相对贡献率将在21世纪20—30年代之间从负值转变为正值，并且继续升高，在21世纪60年代将超过15%，在21世纪90年代可达到17%。在21世纪60—90年代正向的相对贡献率约15%，这与三峡水库运行前的−39%的相对贡献率形成了鲜明对比。而对于鄱阳湖，入汇对干流悬沙浓度的贡献方向则不会发生改变，但是负向的相对贡献率会从三峡水库运行前的−17%增加到水库运行后的−3%。

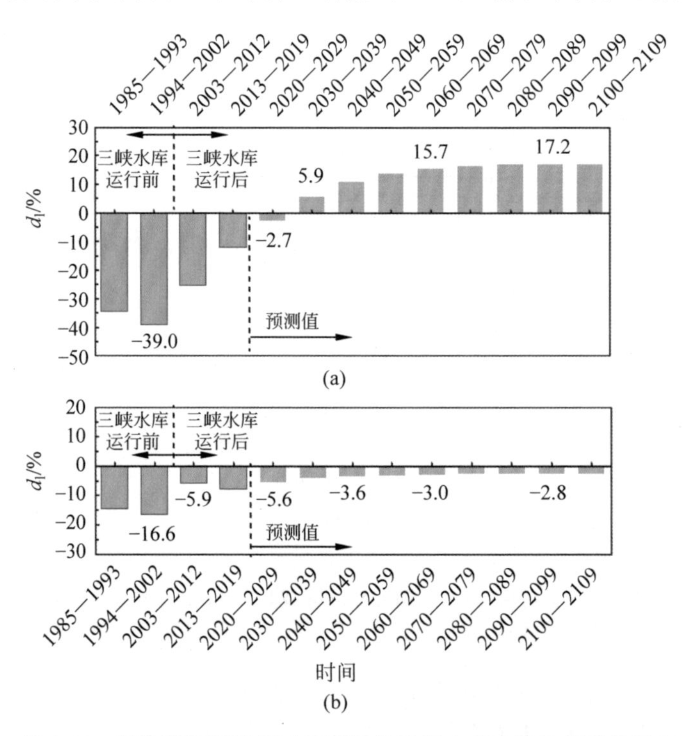

图3-11 洞庭湖和鄱阳湖对干流悬沙浓度未来阶段的相对贡献率

(a) 洞庭湖对干流悬沙浓度未来阶段的相对贡献率；(b) 鄱阳湖对干流悬沙浓度未来阶段的相对贡献率

对于整个长江中下游干流而言，从悬沙浓度的角度看，与干流相连的洞庭湖和鄱阳湖可以调节河流的悬沙浓度水平。当干流悬沙浓度较大时，两湖的出流，尤其是洞庭湖的出流会稀释干流的悬沙浓度；而当干流悬沙浓度较小，即干流呈现出接近"清水"的状态时，两湖将成为干流悬沙的重要来源。三峡水库和金沙江下游梯级水库的蓄水运行，使得干流的悬沙浓度经历了从中等悬沙浓度到较低悬沙浓度，再到极低悬沙浓度的变化过程，而洞庭湖的汇流在干流悬沙浓度不断减少的过程中也从原来的负向贡献作用转变为未来的正向贡献。因此，在未来对于长江中下游的研究和河流管理中，要充分考虑到湖泊对干流悬沙浓度的贡献作用，以降低和避免在极低悬沙浓度条件下，整个河流生态系统所面临的风险。

3.5.4　大通站的年平均悬沙浓度变化趋势分析

在考虑未来可能的水库上游高水平、平均水平和低水平来沙条件下，本节给出了未来情境下大通站的年平均悬沙浓度变化过程，如表3-2所示。从表中可以看出，在三峡水库运行后，从2003年到21世纪末，大通站的悬沙浓度有一定的下降趋势。其中，当水库上游来沙为平均来沙的情形时，到21世纪20年代，大通站年平均悬沙浓度下降到0.115 kg/m^3，比起近期（2013—2018年）年平均悬沙浓度降幅达11%；从21世纪20年代到50年代，悬沙浓度会进一步下降到0.107 kg/m^3，30年间的平均降幅为7%；从21世纪50年代到21世纪末，悬沙浓度略有下降至0.106 kg/m^3，50年间的平均降幅不足1%，可近似认为该段时间内悬沙浓度变化不大。

表3-2　大通站年平均悬沙浓度预测值

年代	三峡水库年平均入库沙量/亿t					大通站年平均悬沙浓度/(kg/m^3)				
	平均来沙	高来沙	变幅/%	低来沙	变幅/%	平均来沙	高来沙	变幅/%	低来沙	变幅/%
21世纪20年代						0.115	0.118	2	0.113	−2
21世纪50年代	1.033	1.415	37	0.681	−34	0.107	0.111	3	0.104	−3
21世纪末						0.106	0.111	5	0.102	−4

注：表中变幅是指在高来沙水平或低来沙水平下的入库沙量和大通站悬沙浓度相对于平均来沙水平下的变化幅度。

因此可以得知，随着上游水库运行时间的增加，大通站的悬沙浓度在今后90年内有一定的降低，但降低趋势在不断放缓。这主要是因为随着水库累积淤积增大，库容不断减小，淤积率有所下降，大坝下游悬沙浓度有所升高，而同时下游河道的悬沙浓度恢复能力却在不断减弱，经过中下游局部河段的作用和两湖及汉江的悬沙浓度调节之后，最后表现为入海悬沙浓度虽然在降低，但是降低趋势不断减弱。

未来水库上游来沙水平的高低会对入海大通站的悬沙浓度有一定的影响，但是在本节假设的工况下，这种影响较小。在高来沙水平下，虽然上游水库来沙的沙量比平均来沙条件下的沙量高37%，但是大通站悬沙浓度最多只比平均来沙水平条件下的悬沙浓度高5%；而在低来沙水平下，上游水库来沙量比平均来沙条件下的沙量低34%，而大通站的悬沙浓度比平均来沙水平条件下的悬沙浓度也只是降低了4%。因此，基于本节的计算结果可以推测对于未来的入海悬沙浓度而言，水库下游河道和支流入汇的贡献起着主要作用，而三峡水库入库沙量的变化对大通站悬沙浓度的影响较小。

3.6 三峡水库蓄水前后干支流悬沙中值粒径变化

基于1985—2017年的长江干流和支流控制站的悬沙中值粒径数据，本节分析了三峡水库蓄水前后长江干流悬沙中值粒径的沿程分布变化。如图3-12(a)所示，选取三峡水库运行前(1985—2001年)、三峡蓄水运行初期(2004年)和近期(2015年)作为悬沙中值粒径分析的代表性年份。

在三峡水库蓄水运行前，干流中的悬沙中值粒径呈现出沿程降低的趋势。悬沙粒径的中值粒径分布从朱沱站的0.014 mm下降至大通站的0.009 mm。沿程粒径的这种细化趋势反映了随着河道比降的减小和河宽的扩大，流速逐渐降低的过程。然而，在三峡水库蓄水运行后，库区内悬沙中值粒径有所下降，宜昌站的悬沙中值粒径值降至0.005 mm。但是下游近坝河段的悬沙中值粒径却迅速增大，沙市站的悬沙中值粒径增加至0.021 mm，监利站的悬沙中值粒径增加至0.06 mm。这里表现出悬沙的粗化趋势主要归因于泥沙来源的改变，因为作为主要泥沙来源，河床的沉积物通常比悬沙更粗。近期长江上游梯级水库运行后，沙市站悬沙的粗化趋势仍然存在，在2015年沙市站悬沙的中值粒径增加至0.046 mm。

图3-12(b)(c)显示了长江干流和主要支流的控制站的中值粒径随时间的变化。在上游库区段，对于干流朱沱、寸滩、清溪场和万县4个站点，三峡水库蓄水后2003—2009年，悬沙中值粒径随时间下降，并且越接近坝址的站点悬沙中值粒径的降幅越大，万县站从0.015 mm下降至0.003 mm。2009年后，库区站点悬沙中值粒径有所增加，到2017年，各站点悬沙中值粒径基本增加至三峡水库蓄水运行前2002年的水平。嘉陵江和乌江的悬沙中值粒径随时间变化不大，且较为接近，均在0.007 mm左右。2001—2017年，大通站的悬沙中值粒径呈波动上升趋势，多年平均值为0.01 mm。洞庭湖和鄱阳湖的悬沙中值粒径较为接近。在2003年以后，两湖汇流的中值粒径均存在增加趋势，这说明了两湖入汇干流的悬沙有粗化的趋势。2003—2017年间汉江入流的悬沙中值粒径随时间波动较大，其多年平均值为0.04 mm，高于中下游干流的悬沙中值粒径和两湖入汇处的悬沙中值粒径。

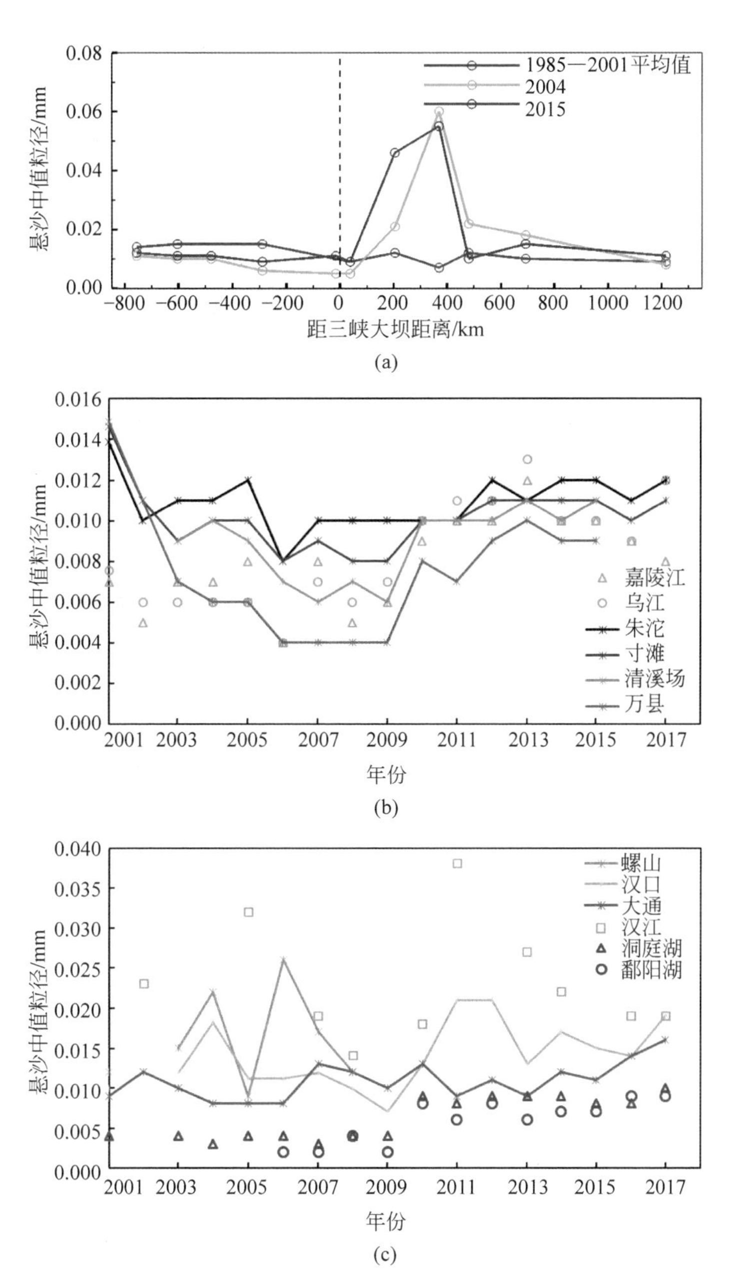

图 3-12 长江干支流悬沙年平均中值粒径变化过程

(a) 三峡水库不同时期对悬沙中值粒径的分析；(b) 长沙干流控制站的中值粒径随时间的变化；(c) 长江支流控制站的中值粒径随时间的变化

3.7 本章小结

20世纪80年代至今，长江干流的悬沙浓度经历了剧烈的下降过程。基于实测的长序列水沙数据，本章重构了长江干流从库区到河口潮区界的悬沙浓度的时空分布，分析了其年际变化特征和沿程分布规律，评估了主要沙源因子在干流悬沙浓度变化过程中的贡献，提出了模拟三峡水库下游河道悬沙浓度沿程恢复过程的半经验半理论方法，预测了未来洞庭湖和鄱阳湖对干流悬沙浓度的贡献与干流悬沙交换关系和入海悬沙浓度的变化趋势。主要的研究结论如下：

(1) 在过去的35年中，长江干流的悬沙浓度锐减，年平均悬沙浓度值从三峡水库修建前(1985—2002年)的～1.0 kg/m^3 下降至溪洛渡和向家坝运行后(2013—2018年)的～0.1 kg/m^3。这主要归因于长江流域的水库建设和水土保持工程，其中大型水库建设对悬沙浓度的趋势性减少有着重要作用，其对悬沙浓度降低的相对贡献率一般超过85%。

(2) 三峡水库运行前后，悬沙浓度沿程分布格局发生变化。水库运行前从山区河段到平原河段，悬沙浓度沿程逐级递减呈下降趋势。洞庭湖汇流使得悬沙浓度在城陵矶处骤降约0.3 kg/m^3。三峡水库运行后干流悬沙浓度沿程分布以三峡坝址为界，悬沙浓度呈现出先降低再升高的V字形分布格局。近期金沙江梯级水库运行后，从2014年开始，悬沙浓度出现了“倒置”现象，即入海大通站的悬沙浓度反高于山区朱沱站的悬沙浓度。

(3) 上游水库运行后，三峡大坝下游的悬沙浓度最低值可低至0.01 kg/m^3，中下游河流的主要泥沙来源已经转变为宜昌—城陵矶河段和两湖及汉江入汇。其中，宜昌—城陵矶河段为干流提供了～0.1 kg/m^3 的悬沙浓度恢复值，但是其恢复能力在逐渐下降。洞庭湖出流对干流悬沙浓度的稀释作用减弱，相对贡献率从−37%上升到−13%，鄱阳湖贡献率从−16%上升到−8%。

(4) 基于建立的大坝下游河道悬沙浓度恢复的半经验半理论模型，分析得到长江宜昌—城陵矶河段的悬沙恢复能力正在减弱，沿程恢复系数随河段侵蚀累积以指数方式降低。预测了在21世纪20—30年代之间，洞庭湖对干流悬沙浓度的相对贡献率将转为正向，并在其后的70年中维持到15%左右，从而降低了河流因极低悬沙浓度成为彻底的“清水”而影响生态系统的风险。

(5) 当水库上游来沙为近期平均来沙情形时，到21世纪20年代、50年代和21世纪末，入海大通站年平均悬沙浓度分别为0.115 kg/m^3，0.107 kg/m^3 和0.106 kg/m^3。未来水库上游来沙水平的高低对大通站的悬沙浓度影响较小，在较高和较低的来沙水平下，大通站的悬沙浓度最多只比平均来沙水平条件下的悬沙浓度提高5%

或降低 4%。

参考文献

高鹏，穆兴民，王炜，2010. 长江支流嘉陵江水沙变化趋势及其驱动因素分析[J]. 水土保持研究，17(4)：61-65.

葛华，2010. 水库下游非均匀沙输移及模拟技术初步研究[D]. 武汉：武汉大学.

郭小虎，李义天，刘亚，2014. 近期荆江三口分流分沙比变化特性分析[J]. 泥沙研究，1(1)：53-60.

郭小虎，朱勇辉，黄莉，等，2017. 三峡水库蓄水后长江中游河床粗化及含沙量恢复特性分析[J]. 水利水电快报，11：22-27.

韩其为，2013. 非均匀悬移质不平衡输沙[M]. 北京：科学出版社：137-139.

钱宁，张仁，周志德，1987. 河床演变学[M]. 北京：科学出版社：459-463.

秦蕾蕾，董先勇，杜泽东，等，2019. 金沙江下游水沙变化特性及梯级水库拦沙分析[J]. 泥沙研究，44(3)：24-30.

邵学军，王兴奎，2005. 河流动力学概论[M]. 北京：清华大学出版社：98，140-145.

许炯心，孙季，2008. 长江上游干支流悬移质含沙量的变化及其原因[J]. 地理研究，27(2)：94-104.

张俊，高雅琦，徐卫立，等，2019. 长江流域极端降雨事件时空分布特征[J]. 人民长江，50(8)：81-86.

张信宝，文安邦，WALLING D E，等，2011. 大型水库对长江上游主要干支流河流输沙量的影响[J]. 泥沙研究，(4)：59-66.

BRUNE G M，1953. Trap efficiency of reservoirs[J]. Eos，Transactions American Geophysical Union，34(3)：407-418.

LAI X，YIN D，FINLAYSON B L，et al.，2017. Will river erosion below the Three Gorges Dam stop in the middle Yangtze?[J]Journal of Hydrology，554：24-31.

YANG S L，MILLIMAN J D，XU K H，et al.，2014. Downstream sedimentary and geomorphic impacts of the Three Gorges Dam on the Yangtze River[J]. Earth-Science Reviews，138：469-486.

YUAN W H，YIN D W，FINLAYSON B，et al.，2012. Assessing the potential for change in the middle Yangtze River channel following impoundment of the Three Gorges Dam[J]. Geomorphology，147：27-34.

ZHAO Y F，ZOU X Q，LIU Q，et al.，2017. Assessing natural and anthropogenic influences on water discharge and sediment load in the Yangtze River，China[J]. Science of the Total Environment，607：920-932.

CHAPTER 4

第4章　长江感潮河段水动力过程及其对水库运行的响应

在河流下游末端的感潮河段，河道的动力条件直接受径流-潮汐相互作用控制，形成了区别于河流段的水沙运动、物质输运和生态环境特征。在上游水库调蓄作用下，长江感潮河段的径流来流发生改变，从而影响了河道的潮波传播、流速转向等基本动力过程。本章以长江感潮河段为研究对象，开展了有关径流-潮汐相互作用下的水动力过程及其对上游水库运行响应的研究。基于水动力学模型的计算结果，描述了主要分潮在感潮河段的传播过程，重点分析了季节性径流变化引起的分潮振幅的变化；描述了感潮河段处于单向流与双向流之间的流速转向过程，得出了涨落潮流速转向点的数目和位置，阐明了流速转向点的产生和移动规律，分析了潮流界的多时间尺度变化特性；基于三峡水库设计调蓄的模式，评估了水库调蓄对感潮河段分潮传播和流速转向过程的影响。

4.1　长江口潮汐水流数学模型

本书使用荷兰三角洲研究院（Deltares）开发的 Delft 3D 软件（WL | Delft，2014）来模拟长江感潮河段和近岸海域的水动力过程。该软件已被广泛应用于河口、河流、湖泊和近岸海域的数值模拟研究（Hu et al.，2009；Kuang et al.，2013；Lu et al.，2015）。

平面二维水流潮汐模型的控制方程是浅水假定下不可压缩流体的雷诺平均纳维-斯托克斯方程（Reynolds-averaged Navier-Stokes equations，RANS），同时考虑了地球自转引起的科氏力、摩擦阻力等作用。本书主要针对长江感潮河段进行研究，水体密度设为常数。控制方程如下：

$$\frac{\partial u}{\partial t}+u\frac{\partial u}{\partial x}+v\frac{\partial u}{\partial y}+g\frac{\partial \zeta}{\partial x}+\frac{gn^2u\sqrt{u^2+v^2}}{h^{4/3}}-\mu\left(\frac{\partial u^2}{\partial x^2}+\frac{\partial u^2}{\partial y^2}\right)-fv=F_x \tag{4-1}$$

$$\frac{\partial v}{\partial t}+u\frac{\partial v}{\partial x}+v\frac{\partial v}{\partial y}+g\frac{\partial \zeta}{\partial y}+\frac{gn^2v\sqrt{u^2+v^2}}{h^{4/3}}-\mu\left(\frac{\partial v^2}{\partial x^2}+\frac{\partial v^2}{\partial y^2}\right)+fu=F_y \tag{4-2}$$

$$\frac{\partial h}{\partial t}+\frac{\partial (hu)}{\partial x}+\frac{\partial (hv)}{\partial y}=q \tag{4-3}$$

式中：u，v——x 方向和 y 方向垂向平均流速，m/s；

h——水深，m；

ζ——相对于海平面的水位高度，m；

n——曼宁系数，$\mathrm{s/m^{1/3}}$；

μ——涡黏性系数，$\mathrm{m^2/s}$；

f——与科氏力相关的系数，1/s；

F_x 和 F_y——x 方向和 y 方向的动量源项，$\mathrm{m/s^2}$；

q——单位面积径流量，m/s。

研究建立的水动力学模型纬度范围为 29.5～32.5°N，经度范围为 117.5～124.5°E。河道中的网格尽量贴合河岸线，外海的网格贴合提供潮位的开边界界线。感潮河段的网格进行了局部加密，其中最小的网格尺寸为 200 m×50 m，最大的网格尺寸在外海的开边界附近，为 5000 m×1000 m。模型的计算网格总数为 116 600，计算时间步长取 30s。在河道上游以大通站的流量时间序列作为上游边界条件，流量边界不受潮流和潮汐的影响。在外海开边界条件使用给定的潮位过程，由 TPXO7.2 全球潮汐模型提供的 10 个分潮的调和常数计算得到，包括 8 个主天文分潮 M_2，S_2，N_2，K_2，K_1，O_1，P_1，Q_1，以及两个长周期分潮 M_f 和 M_m（Egbert et al.，2002）。感潮河段地形数据来源于 2001 年断面地形数据插值，近岸海域地形数据来源于海图水下地形数据。

在模型的率定和验证阶段，利用两个指标来量化模型模拟值与实测值之间的偏差：皮尔逊积矩相关系数（Pearson product correlation coefficient，PCCs）（Ralston et al.，2010）和 NSE（Wu et al.，2011）。当这两个系数等于 1 时，说明模拟值与实测值完全吻合，这两个指标也常被用于潮位、流速等模型计算结果的验证，计算公式如下：

$$\mathrm{PCCs}=\frac{\frac{1}{N}\sum_{i=1}^{N}(p_i-\mu_p)(m_i-\mu_m)}{\sigma_p\sigma_m} \tag{4-4}$$

$$NSE = 1 - \frac{\sum_{i=1}^{N}(p_i - m_i)^2}{\sum_{i=1}^{N}(m_i - \mu_m)^2} \tag{4-5}$$

其中：p_i 和 m_i 分别代表变量的模拟值和实测值序列；i 和 N 分别代表次序和总数；μ_p 和 μ_m 分别代表模拟值和实测值的平均值；σ_p 和 σ_m 分别代表模拟值和实测值的标准差。

采用长江口实测水位和流速数据进行了模型的率定和验证。在率定阶段，底部摩擦系数采用曼宁系数，对近岸海域和感潮河段采用了两个不同的曼宁系数。通过对水位数据进行调和分析，可以得到潮波传播过程中各分潮的调和常数值。本研究基于 MATLAB 调和分析工具包，采用最小二乘法(Pawlowicz et al.，2002)，对水位进行了调和分析。在近岸海域，对模拟的潮位进行调和分析得到调和常数的模拟值，与 14 个站点(站点信息详见表 4-1)的 8 个主天文分潮(M_2，S_2，K_1，O_1，N_2，P_1，K_2，Q_1)的实测调和常数进行比较，得到海域的曼宁系数为 0.02 $s/m^{1/3}$。模拟得出的分潮振幅的误差小于 5%，迟角的误差小于 10°，如图 4-1(a)(b)所示。在感潮河段，利用大通站 2002 年逐日实测水位对曼宁系数进行率定。通过试验发现，当曼宁系数取 0.025 $s/m^{1/3}$ 时，大通水位模拟得出的 NSE 最高，可达到 0.98，如图 4-1(c)所示。通过模型率定，分别获得了近岸海域和感潮河段的两个曼宁系数值，即 0.02 $s/m^{1/3}$ 和 0.025 $s/m^{1/3}$。

表 4-1 长江口调和常数验证站点位置信息

站 点	位 置		数据来源
	经度/°E	纬度/°N	
BJS	122.416 67	30.616 67	英版《潮汐表》(2015)
LHS	122.633 33	30.816 67	
SHS	122.233 33	31.416 67	
ZJZ	121.900 00	31.116 67	
Wusong	121.516 67	31.400 00	
BCZ	122.000 00	31.233 33	杨陇慧 等，2001
HSZ	121.850 00	31.300 00	
BZZ	121.600 00	31.533 33	
LXG	121.881 11	31.687 50	基于实测逐时水位资料的调和分析
THZ	121.616 67	30.616 67	
LCG	121.833 33	30.833 33	
DJS	122.166 67	30.816 67	
GYS	122.283 33	30.400 00	
SSZ	122.800 00	30.716 67	

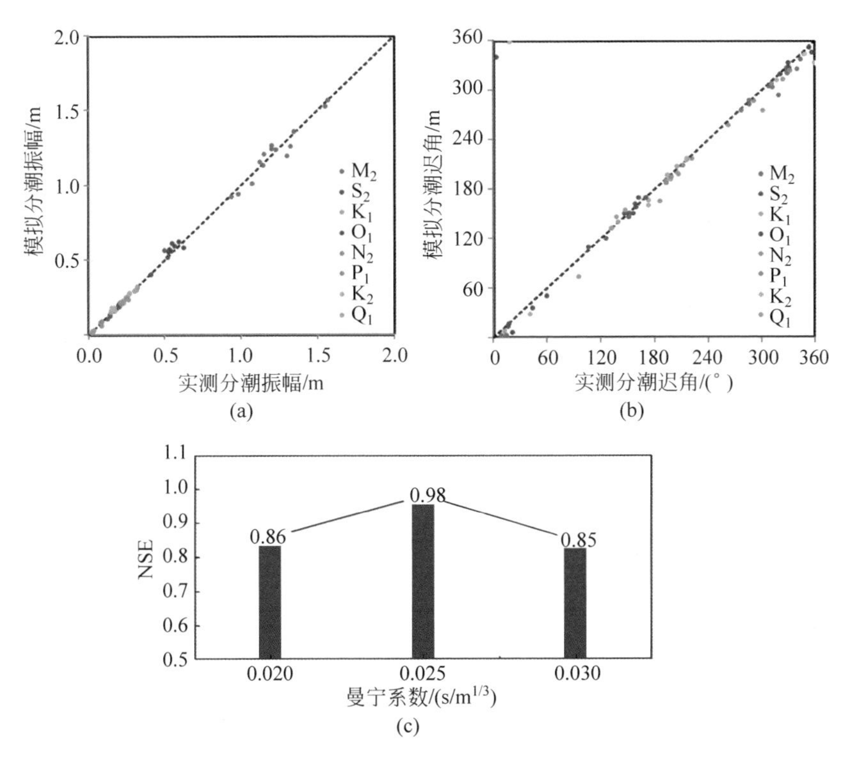

图 4-1　近岸海域和感潮河段的模型率定结果

(a) 模拟和实测的分潮振幅图；(b) 模拟与实测的分潮迟角；(c) 不同曼宁系数取值下模拟得出的 NSE
注：图(a)和(b)分别表示近岸海域 14 个站点的模拟和实测的分潮振幅和迟角；图(c)表示在不同曼宁系数取值下大通站水位模拟得出的 NSE。

模型经过率定后，根据另一组独立的水位和流速数据进行模型验证(表 4-2)。对于 5 个水位测站的水位过程模拟(实测数据信息详见表 4-3)，所有结果的 PCCs 均大于 0.96，平均值为 0.98，NSE 均大于 0.83，平均值为 0.91。对于 6 个流速测站的流速过程模拟(实测数据信息详见表 4-4)，所有结果的 PCCs 均大于 0.94，平均值为 0.96，NSE 均大于 0.83，平均值为 0.87。这些结果表明水动力学模型精度较好，可以用来进行长江感潮河段径流-潮汐相互作用的分析。

表 4-2　水位和流速的模型验证结果

水　位			流　速		
站点名称	PCCs	NSE	站点名称	PCCs	NSE
凤凰颈	0.99	0.99	Z9	0.96	0.85
芜湖	0.99	0.98	Z5	0.93	0.85
马鞍山	0.98	0.94	CS1D	0.99	0.91

续表

水位			流速		
站点名称	PCCs	NSE	站点名称	PCCs	NSE
南京	0.98	0.83	CSWD	0.97	0.86
镇江	0.96	0.83	CS4D	0.97	0.87
			CS5D	0.94	0.86
平均值	0.98	0.91	平均值	0.96	0.87

表 4-3 长江感潮河段水位验证站点位置信息

站点	位置		数据时间和频率
	经度/°E	纬度/°N	
镇江	119.433 33	32.216 67	2006 年逐日高低潮水位
南京	118.716 67	32.083 33	
马鞍山	118.450 00	31.716 67	
芜湖	118.350 00	31.350 00	
凤凰颈	117.795 66	31.131 42	
大通	117.616 67	30.766 67	2006 年逐日水位

表 4-4 长江口流速验证站点位置信息

站点	位置		数据时间和频率
	经度/°E	纬度/°N	
Z9	121.762 30	31.640 85	2002 年 3 月大潮逐时流速
Z5	121.928 96	31.159 62	
CS1D	121.775 91	31.294 19	2002 年 8 月大潮逐时流速
CSWD	122.083 36	31.237 56	
CS4D	122.259 65	31.134 68	
CS5D	122.386 46	31.108 17	

4.2 长江感潮河段分潮传播过程

4.2.1 近岸海域 8 个主要分潮的数值模拟

图 4-2(a)具体展示了近岸海域部分测站的 4 个半日分潮和 4 个全日分潮的实测振幅值,测站主要位于杭州湾和长江口的交界位置。可以看出,最大的分潮是 M_2 分潮,其平均振幅约为 1.25 m。第 2 大分潮是 S_2 分潮,其平均振幅约为 0.5 m。2 个最大的全日分潮分别是 K_1 分潮和 O_1 分潮,其平均振幅分别约为 0.25 m 和 0.15 m。

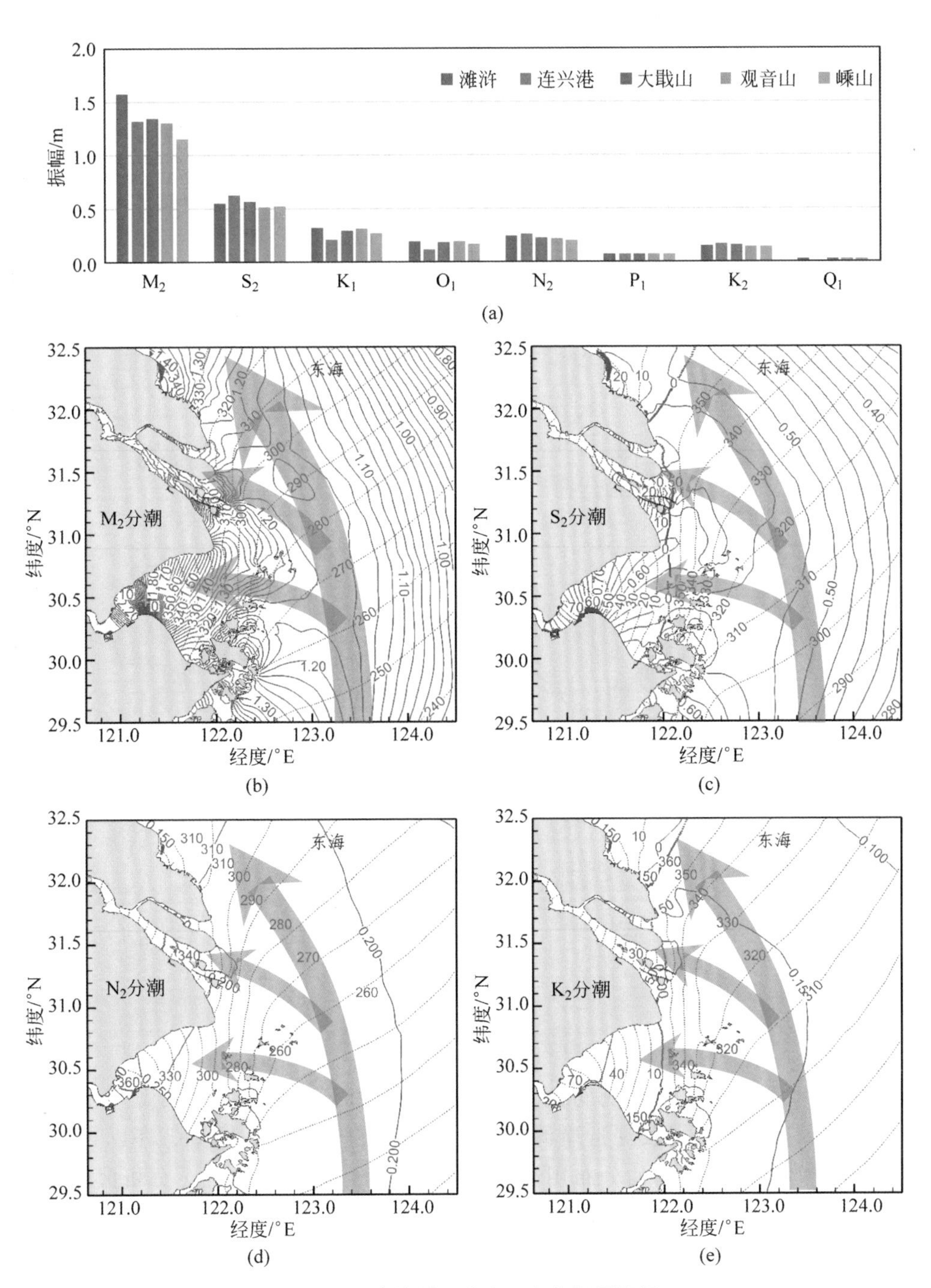

图 4-2　近岸海域 8 个主天文分潮同潮图

(a) 部分站点(滩浒、连兴港、大戢山、观音山和嵊山)的半日分潮和全分日潮振幅；(b) M_2 分潮同潮图；(c) S_2 分潮同潮图；(d) N_2 分潮同潮图；(e) K_2 分潮同潮图；(f) K_1 分潮同潮图；(g) P_1 分潮同潮图；(h) Q_1 分潮同潮图；(i) O_1 分潮同潮图

注：图(b)～(h)中实线代表振幅，cm；虚线代表迟角，(°)。各分潮传播的路径用带阴影的蓝色箭头表示。

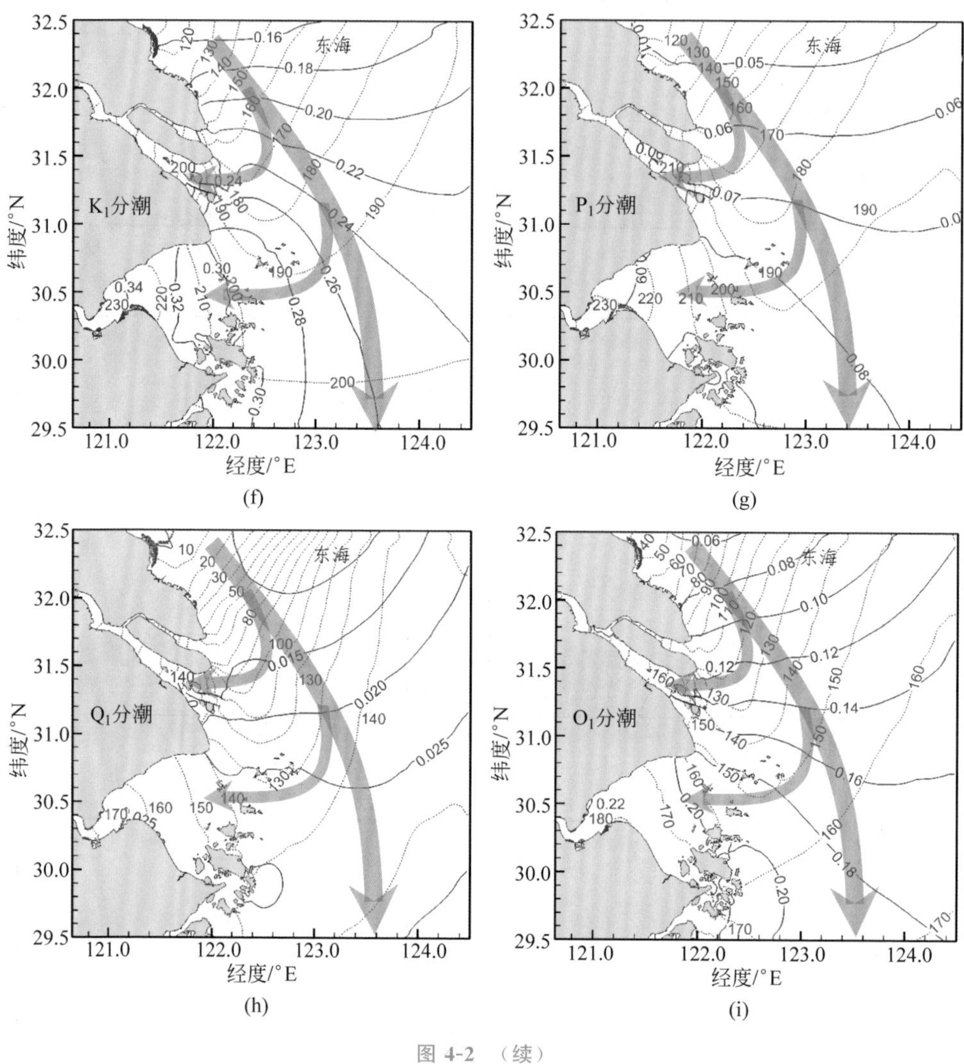

图 4-2 （续）

基于水动力学模型，计算得到了全场的年潮位时间序列，并对其做调和分析。图 4-2(b)～(h)展示了长江近岸海域 8 个天文分潮(M_2，S_2，N_2，K_2，K_1，O_1，P_1，Q_1)的同潮图，根据迟角的分布用箭头表示出了分潮的传播路径。分析区域覆盖的纬度和经度跨度均为 3°。模型模拟出了 4 个半日分潮在长江近岸海域的传播过程，见图 4-2(b)～(e)。蓝色阴影箭头表示了半日分潮从近岸海域到长江感潮河段的传播路径。来自太平洋的半日分潮传入东海之后，继续以前进波的形式自东南向西北传播。在长江近岸海域，半日分潮的运动受到杭州湾和长江口的海岸线限制，分出两支，其中一支向西进入杭州湾，另一支进入了长江口。在杭州湾，由于舟山群岛的限制,潮波主要从北部开阔海域往里推进。由于喇叭形湾口集聚能量的作用,潮波的振幅向西增大,例如,M_2 分潮的振幅从进入前的 1.2 m 增加到湾颈狭窄处的 2.2 m。潮波进入长江口口门后,不管是在北支还是在南支,等潮时线基本上都垂直于堤岸,这表明潮波进入河道后,由于受河槽的约束作用,潮波主要沿河槽的轴线方向传播。从等振幅线的分布来看,在整个近岸海域,M_2 分潮在进入长江感潮河段前的振幅基本上是逐渐增加的,S_2 分潮也是如此,而 N_2 和 K_2 分潮分别保持在 0.2 m 和 0.15 m。但是从等潮时线的分布可以看出,这 4 个分潮的传播速度接近相等。

在图 4-2(f)～(h)中,全日分潮的传播过程与半日分潮明显不同。半日分潮一般从东南向西北传播,而全日分潮则是沿相反方向从西北向东南传播。对于全日分潮,潮波传播至长江口时一支向西进入长江感潮河段,另一支进入杭州湾。从等振幅线的分布上看,从进入该海域到长江口口门处,4 个全日分潮的振幅均有所增加。

总的来说,可以认为,在近岸海域主要天文分潮的振幅和迟角是较为稳定的,这些分潮在进入感潮河段后,沿河槽轴线方向向上游传播。

4.2.2 感潮河段水位的年内时空变化

受长江流域季风气候影响,长江入海径流量在年内分配上存在着明显的季节性差异,在外海潮差基本相同的情况下,感潮河段内的潮位波动也有着明显的洪枯季区别。在本研究中,分别选取了 2002 年(平水年)洪季(8 月份)和枯季(1 月份)大潮(图 4-3)的 1 个潮周期进行水位过程模拟。如图 4-3(b)所示,在感潮河段的较上游处(>550 km),水位在 1 个潮周期内变化不大,没有明显的波动特征。在对应的位置处,潮平均的洪季水位比潮平均枯季水位要高。其中,在潮区界大通站,其水位洪季比枯季高出 10 m,因此洪季的水面坡度(0.025‰)也要明显高于枯季(0.010‰)。到了口门(<50 km)附近,水位没有随着径流的季节性变化而发生显著变化,更多是围绕着海平面体现出受潮汐控制的波动特征。而在感潮河段的中间部分,随着潮汐从口门沿河道向上游传播,潮波振幅沿程发生了由底部摩擦耗散而引起的衰减。这种振幅衰减的速度在洪季比枯季更大。

在洪季,潮波在口门上游约 350 km 处变得较小(潮差小于 0.1 m),但是到了枯季,潮波可以传播至距离口门上游 600 km 处。本研究又选取了长江流域特枯水年(2006 年)洪季和枯季各 1 周内感潮河段 7 个水位站的实测与模拟水位值。比较当时大通站和吴淞站的水位,如图 4-4(a)所示,可以发现在枯季大通站也存在水位的感潮波动,这说明了大通站作为通常意义上的潮区界,也只是多年平均意义上的一个结论,在上游径流较枯时潮波可以向河道传播得更远,这也与近年来其他研究

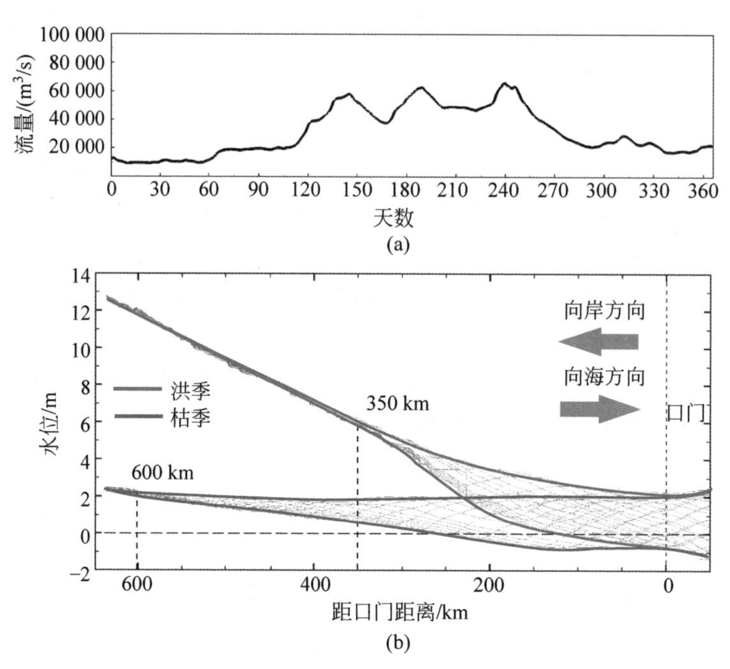

图 4-3 长江感潮河段洪枯季潮周期内水面线

(a) 2002 年大通站日平均流量；(b) 水面线及其上下包络线

注：图(b)中水面线对应的水位过程时间间隔为 1h。

的结论一致(Guo et al.,2015)。对于在大通和吴淞之间的 5 个站点，可以看到在整个感潮河段中，径流量的季节性变化引起的水位变化幅度从上游到下游逐渐减小，潮波运动引起的潮周期内的水位波动从上游到下游逐渐增强，如图 4-4(b)(c)所示。

这种季节性流量变化引起的潮波传播特征的变化在其他大河的感潮河段普遍存在。例如，在亚马孙河河口地区，潮波在低流量的 11 月份比高流量的 6 月份向感潮河段上游传播得更远(Kosuth et al.,2009)。值得注意的是，从流域的枯季到洪季，虽然长江径流量的增加量(45 000 m^3/s= 55 000－10 000 m^3/s)比亚马孙河径流量的增加量(150 000 m^3/s=250 000－100 000 m^3/s)要小，但是，长江感潮河段中潮波传播距离的缩短量(250 km=600－350 km)却比亚马孙河感潮河段中潮波传播距离的缩短量(150 km=920－770 km)要大。因此，从绝对的流量变化量和对应的潮波传播距离变化值的角度来看，不同的感潮河段之间难以比较径流量变化对潮波传播距离的影响。

但是，如果从相对量的角度来看，从枯季到洪季，对于长江感潮河段，河流的径流量增加了 450%，此时潮波在河道中传播的距离减少了 41%；而在亚马孙河口，河流的径流量增加了 150%，导致潮波传播的距离减少了 15%。由此可以推断，对

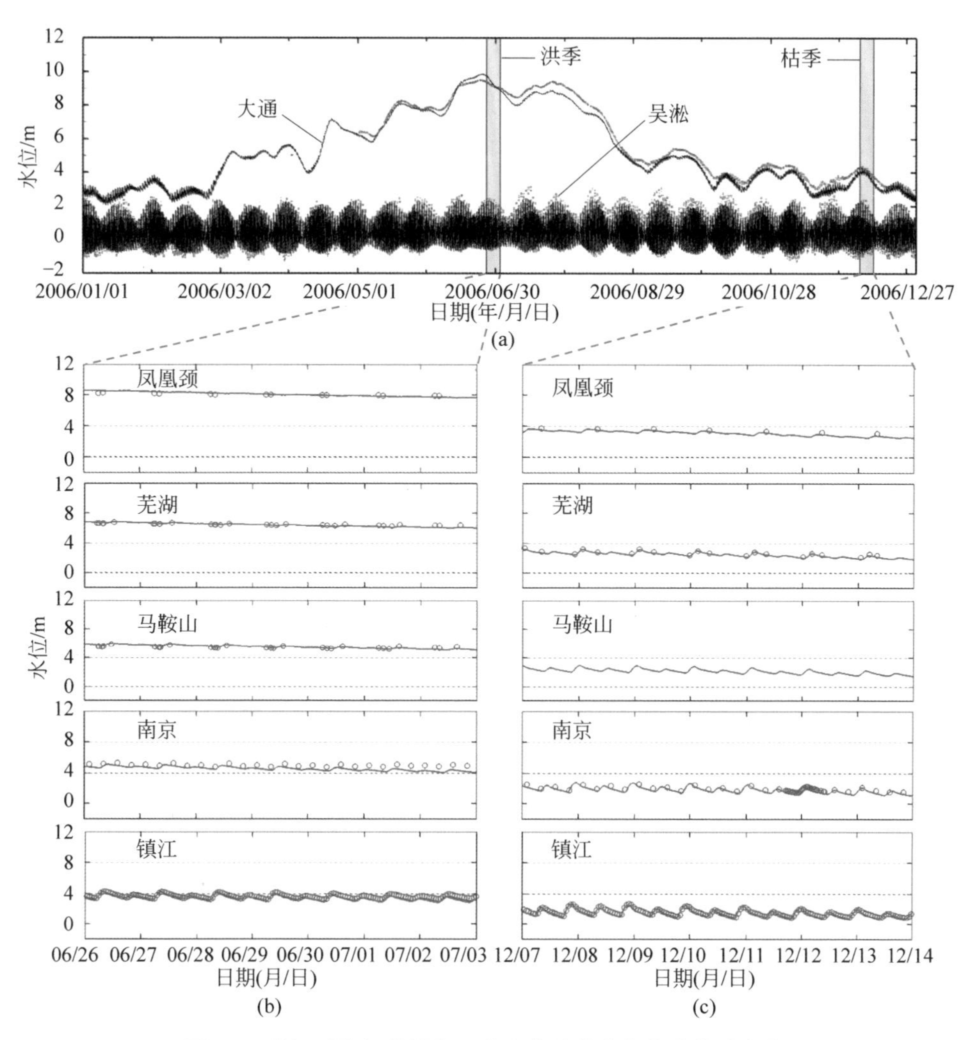

图 4-4　长江感潮河段沿程 7 个水位站的水位值洪枯季变化

(a) 特枯水年(2006 年)大通站全年的逐日水位和吴淞站全年的逐时水位；(b) 洪季 1 周内凤凰颈、芜湖、马鞍山、南京、镇江的逐日高低潮实测水位和逐时模拟水位；(c) 枯季 1 周内凤凰颈、芜湖、马鞍山、南京、镇江的逐日高低潮实测水位和逐时模拟水位

于这两条大河，流量季节性变化的相对量和导致的潮波传播距离变化值的相对量存在一定的正相关关系。

总的来说，长江感潮河段的水位存在着明显的季节性差异，潮平均水位和潮位波动的幅值均随季节变化，同时越往下游，水位随潮汐波动的特征越明显。感潮河段的径流起到在潮波传播过程中引起潮波衰减的阻力作用，并且这种阻力作用在空间上从上游到下游逐渐变小，在时间上洪季强于枯季。

4.2.3 洪季感潮河段各分潮振幅的沿程分布

基于模拟的2002年洪季的水位时间序列，我们利用调和分析的方法得到了各个分潮沿程的调和常数分布。在对洪季的代表性月份进行调和分析时，在模型的上游开边界分配该月的实际大通径流量，并进行时间为1年的延拓，下游外海开边界使用1年潮位时间序列。这种方法，一方面考虑到了感潮河段调和常数在不同季节的变异性，另一方面也满足了调和分析所需要的潮汐资料长度的要求（方国洪等，1986）。

图4-5主要分析了4个主要的天文分潮（M_2，S_2，K_1，O_1）和4个浅水分潮（M_4，MS_4）的振幅分布。从图4-5(a)可以看出，进入感潮河段前，M_2分潮是最主要的分潮，在口门位置处的振幅约1 m，而其他分潮的振幅在口门处小于0.4 m。进入感潮河段后，对于图4-5(a)所示的6个分潮，随着潮波往上游传播，分潮的振幅并非单调下降的，但总的潮差一般是沿程减小的（图4-3(b)所示）。根据分潮振

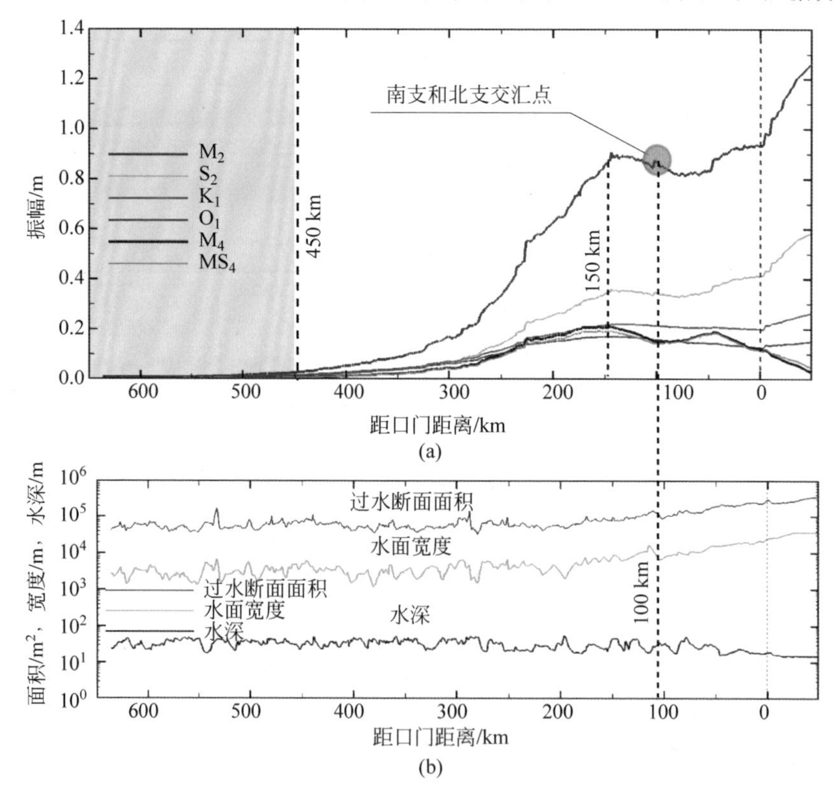

图4-5 感潮河段洪季分潮振幅沿程分布和过水断面水力学要素沿程分布

(a) 感潮河段洪季分潮（M_2，S_2，K_1，O_1，M_4，MS_4）振幅沿程分布；(b) 2002年洪季平均过水断面面积、水面宽度和水深沿程分布

幅沿程变化的过程，大致可以把分潮振幅在洪季的沿程分布分为以下 3 段：

在潮波进入感潮河段之前（<0 km），可以发现主天文分潮的振幅迅速减小，特别是两个主半日分潮（M_2 和 S_2），而两个浅水分潮的振幅逐渐增加。这是因为潮波从近岸海域水深较深的地方进入感潮河段前沿的水深较浅处时，非线性效应增强，产生了浅水分潮。从动力学的角度看，主要体现在浅水流动中，运动方程中的对流项和摩擦项及连续方程中的非线性项均不能忽略，从而产生了相应的倍潮和复合潮。因此，天文分潮振幅的衰减，一方面是由于摩擦效应造成了能量耗散，另一方面也是由于天文分潮向浅水分潮发生了能量转移（Parker，1991；Lu et al.，2015）。

在潮波进入感潮河段之后的河段（0～150 km），分潮的振幅沿着河道在一定的平均值水平上下波动。对于主天文分潮，以 M_2 分潮为例，其振幅先是沿程下降，然后在 70 km 处开始向上游增加，直到 150 km 处随着河道拐弯、河宽变化放缓而进入振幅下降段。这种振幅的变化可以通过由能量转移和摩擦耗散等非线性效应造成的振幅衰减，以及如图 4-5(b)所示的由河道宽度与面积收缩导致的潮能集聚之间的相对强度来解释（Matte et al.，2014）。如果潮能集聚的效应强于非线性效应，则分潮振幅增加，反之则振幅减小。对于 M_4 和 MS_4 分潮，由于多种效应的相互作用，振幅的变化更为复杂，振幅沿程先增加后减小，然后再有所增加，在 150 km 处比口门处振幅有所增加。在该河段范围，M_2 分潮的平均振幅约 0.9 m，其最小值和最大值的差距不超过 0.1 m，因此可认为 M_2 分潮的振幅在该段变化不显著。同样，对于其他分潮，振幅在该段同样可认为变化不显著。值得注意的是，在距离口门 100 km 处的位置，有一个分潮振幅的突变点，这可能与在此处北支和南支水流的汇合相关。总的来说，天文分潮在进入感潮河段后，河道宽度束窄和断面收缩导致的振幅增加在一定程度上抵消了因非线性效应造成的振幅衰减。

在距离口门 150 km 再往上游的河段（>150 km），4 个主要的天文分潮（M_2，S_2，K_1，O_1）和两个浅水分潮（M_4 和 MS_4）的振幅都是沿程减小的。这表明摩擦耗散作用是这一河段振幅变化的主导因素。一直到距离口门 450 km 的位置时，这 6 个分潮的振幅幅值已衰减到可以忽略不计的程度（振幅<3 cm），但在理论上，如果没有诸如堰或坝一类的障碍物，潮波可以在感潮河段的缓流中传播至无限远。

4.2.4 洪季和枯季感潮河段各分潮传播过程的比较

通过对比图 4-6 所示洪季和枯季主要天文分潮和浅水分潮的沿程振幅分布，可以发现，所有分潮振幅都具有明显的季节性区别。对于主半日分潮，如图 4-6(a)所示，M_2 和 S_2，在 640 km 的感潮河段内，枯季的分潮振幅基本高于洪季，这是因为洪季更大的径流增大了河道中潮波传播的阻力作用。这一结果也与 Zhang 等

(2012)基于理论模型分析和 Guo 等(2015)基于实测水位调和分析得到的 M_2 分潮振幅季节性变化的规律一致。此外,可以发现这种季节性的振幅差距最大的位置位于感潮河段中部。例如,M_2 分潮在镇江水文站附近(313 km)季节性的振幅差异达到最大,为 0.3 m;而在口门处和上游大通站处,振幅差异分别只有 0.05 m 和 0.1 m。这是因为在口门周围,径流量相对于潮通量较小,从而对分潮的作用并不显著;而在感潮河段上游,分潮已经经过了长距离的振幅衰减,即使没有大的径流,振幅也相对较小。因此,对于主半日分潮,振幅的季节性差异中存在沿程分布的单峰模式,枯季与洪季分潮振幅在感潮河段的中部相差最大。这与 Cai 等(2014)利用概化模型进行理论分析的结果不同,其研究将无径流情景与平均径流情景进行比较,得出潮差的变化值在感潮河段上游沿程单调增加,即径流量变化引起的最大潮差变化值的位置在感潮河段的最上游。而基于(胡方西 等,1989)统计的实测各测站的月平均潮差数据,可以发现在感潮河段中部的镇江站,其洪枯季的实测潮差的差值(0.6 m)比上游 180 km 处的南京站(0.4 m)和下游 120 km 处的江阴站(0.1 m)都要大,这也与本研究得出的结果一致。

对于全日分潮和两个浅水分潮,如图 4-6(b)(c)所示,枯季的分潮振幅并非一直高于洪季。在从口门到感潮河段中游的一段范围,枯季的振幅反而比洪季低,直至越过某个位置,枯季的振幅才开始高于洪季。以 M_4 分潮为例,从口门处至上游 180 km 处,洪季的振幅始终比枯季大,其中最大差值可以达到 0.05 m。从 180 km 处到感潮河段最上游,枯季的振幅才大于洪季。这实际上体现了在感潮河段中径流的存在对潮波运动所起的复杂作用,并非只单纯地增加摩擦阻力的效应。在感潮河段下游的近海部分,当径流的流量远小于潮流量时(小 1 个数量级),径流的阻力作用可能并不明显,但是,此时径流下泄的动量在涨潮时起到了一定的壅高水位的作用,同时在落潮时起到了加速落潮降低落潮水位的作用,因此可能导致潮波振幅增加。对于这种情况,径流越大,带来的潮波幅值放大的效应就越大。因此对于全日分潮,如 K_1 和 O_1(图 4-6(b)),在感潮河段下游可能出现洪季振幅高于枯季的情况。与此同时,虽然增加的径流对于增加摩擦阻力的效应不明显,但是由摩擦非线性效应带来的从天文分潮到浅水分潮的能量转移效应却有可能变得更明显,因此,在该段就有可能出现在径流增加时浅水分潮的振幅进一步增加的现象,如 M_4 和 MS_4(图 4-6(c))。在前人基于实测潮位分析的研究成果(胡方西 等,1989)中也发现在感潮河段口门附近,无论是分潮振幅,还是直接统计的平均潮差,都会出现洪季月均幅值大于枯季的情况。

因此可以认为,在空间上感潮河段的径流在潮波传播的过程中会起到不同的作用。在上游,由于径流增强摩擦阻力而起到的耗散作用更为明显,这也是通常被人们认为的径流在径流-潮汐相互作用下的阻力效应(Horrevoets et al.,2004;

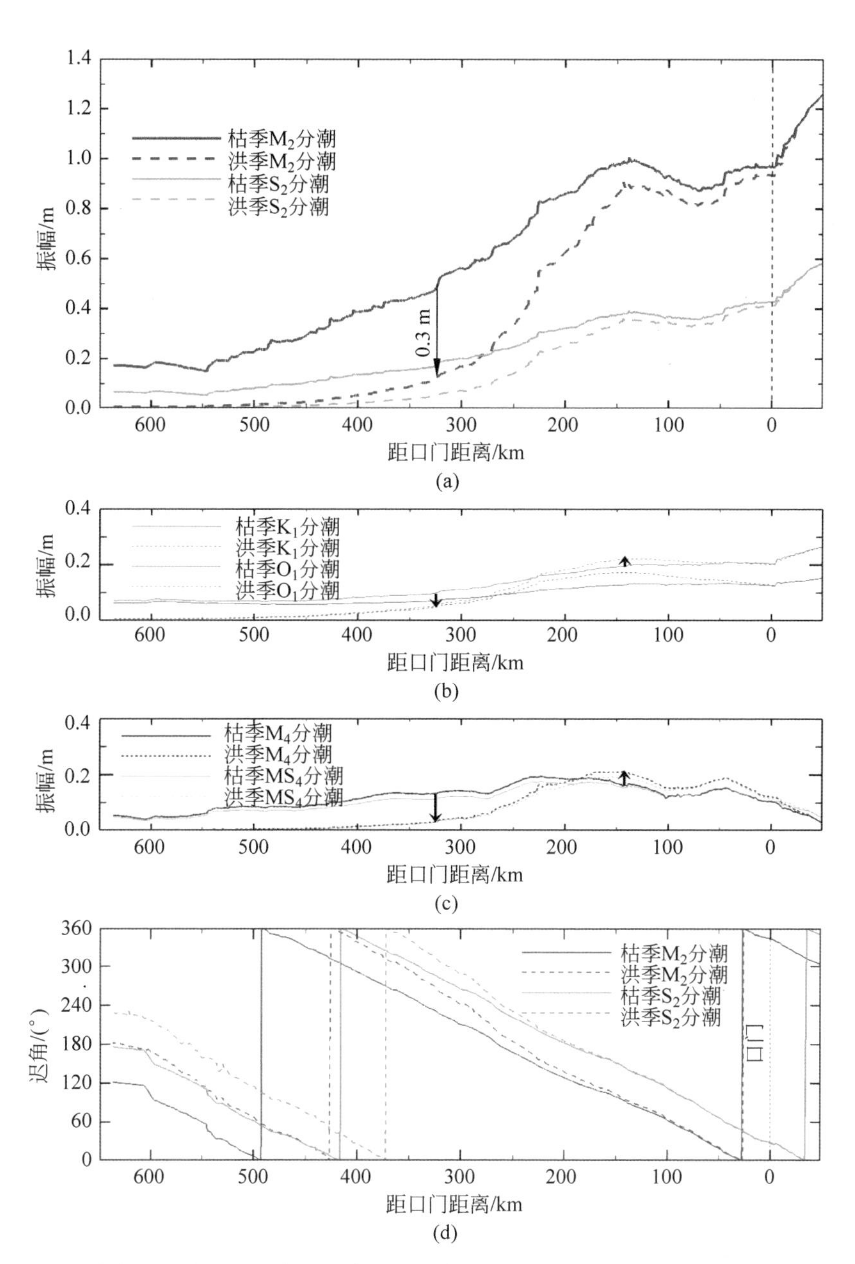

图 4-6　4 个主天文分潮和两个主要浅水分潮在洪季和枯季振幅和迟角沿程分布的对比

(a) M_2,S_2 分潮在洪季和枯季振幅沿程分布的对比；(b) K_1,O_1 分潮在洪季和枯季振幅沿程分布的对比；(c) M_4,MS_4 分潮在洪季和枯季振幅沿程分布的对比；(d) M_2,S_2 两个主要浅水分潮在洪季和枯季迟角沿程分布的对比

注：图(a)～(c)中带箭头的黑线表示从枯季到洪季的分潮振幅变化，向上和向下的箭头分别代表振幅增加和减少。

Alebregtse et al. ,2016)；在感潮河段下游，径流可能由于其壅水和加速落潮起到增加潮波振幅的作用，同时，也由于摩擦非线性作用进一步增加了天文分潮到浅水分潮的能量转移。但是，最终在感潮河段内，各个分潮振幅的季节性变化除了与径流的季节性变化相关外，也取决于底摩擦作用、局部地形收缩的潮能集聚效应、分潮之间的能量转移等多个时间可变因素的影响。

感潮河段的径流不仅影响潮波的振幅，而且影响潮波的波长。图 4-6(d)展示了洪季和枯季主半日分潮在感潮河段中的迟角分布。可以看出，在感潮河段的上游，枯季比洪季迟角更小，这表明由于径流量的增加导致潮波的波速降低。由于分潮的周期不变，因此也缩短了分潮的波长。这种迟角和波长的洪枯季变化在其余几个分潮中也有体现。该结果可以用基于浅水方程的潮波波速的分析表达式作进一步讨论(Friedrichs，2010)，在感潮河段中，潮波波速随水深和河道宽度束窄而增加，随摩擦力的增加而减小。洪季比枯季流量和水深更大，同时摩擦力更强，而这两者可以导致相反的结果，分别是增加波速和减少波速。从目前模拟的结果看，在长江下游的感潮河段，洪季流量增加导致的摩擦力增加对于降低波速起到了更重要的作用。

4.3 感潮河段流速转向点的时空分布

4.3.1 感潮河段断面流量的沿程分布

图 4-7(a)展示了枯季大潮期间某时刻感潮河段流量的沿程分布。其中，向海的流量设定为正值，向岸的流量设定为负值。可以看出，流量沿感潮河段的分布存在复杂变化。

在上游边界处，此时径流量约 10 000 m^3/s，而在口门处，涨潮的潮流量大于 100 000 m^3/s，几乎是上游径流量的 10 倍。根据向海和向陆的方向，此时的感潮河段可分为 4 个子河段，其方向分别由图 4-7(a)中绿色和蓝色的箭头表示。第 1 个子河段是从口门到 A 点，长约 40 km。在此范围，潮波从外海向上游传播，向岸的涨潮流在短距离内从超过 100 000 m^3/s 迅速下降到 0。在 A 点处的两侧流量变化明显，此处的沿程流量梯度约 2500 $m^3/(s \cdot km)$。第 2 个子河段在 A 点和下一个流量零点 B 点之间，流量的方向向海，其中流量峰值 P 点处的流量约 80 000 m^3/s，此峰值点位置在 A 点上游约 40 km 处。从 P 点到 B 点的上游，向岸流以较为平缓的梯度降低，在 260 km 的距离内减小到 0。第 3 个子河段在 B 点和又一个零点 C 点之间，这里的向海流是由前一次的涨潮进入感潮河段引起的。虽然该河段的向岸流流量(最大 10 000 m^3/s)比第 1 个子河段的向岸流流量(超过 100 000 m^3/s)量级要小，但它仍然与河流下泄的径流量处于同一量级(约 10 000 m^3/s)。第 4 个

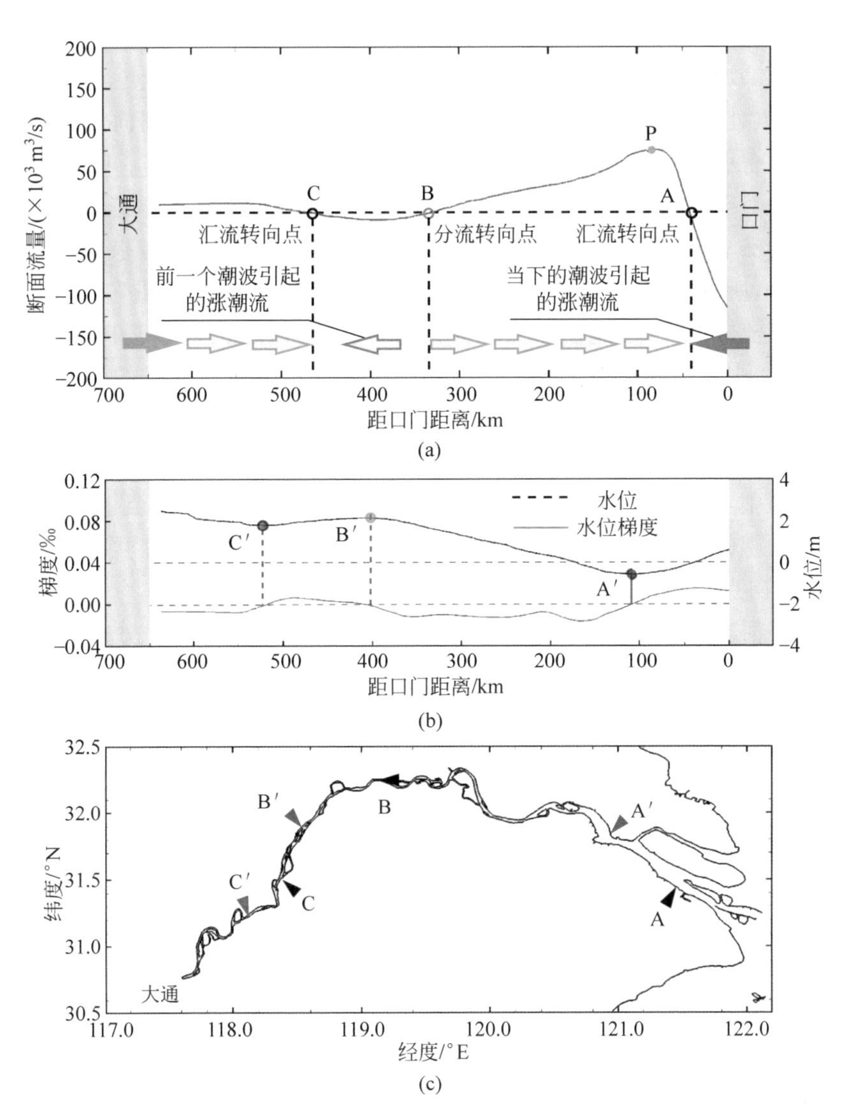

图 4-7　感潮河段沿程流量、水位和流速转向点及水位零梯度点分布

注：图(a)中，蓝线表示在枯季大潮期间某时刻的流量沿程分布；图(b)中，黑线和红线分别代表水位高程和水位梯度的沿程分布；图(c)中，黑色和蓝色的标志分别表示同一时刻流速转向点和水位零梯度点在感潮河段沿程的位置。

子河段是从C点到潮区界，流量的方向再次向海转向，其幅值逐渐接近于河道下泄的径流量。因此，从图4-7(a)可以看出，当外海新的潮波进入感潮河段口门附近时，前一个潮波引起的涨潮流仍然可能存在于河道中，并且进入到了河道上游。此时进入上游的涨潮流比起在口门处的流量值已经发生了明显的衰减，但是其大小仍可能和径流来流量在一个量级上。

图 4-7(a)中的流量为 0 的 A 点、B 点和 C 点被称为流速转向点，因为从沿程来看，在这些点处断面平均流速发生了由向海到向陆或者由向陆到向海的转向。前人的研究也曾引入过流速转向点的概念(Dalrymple et al.，2007；Freitas et al.，2012)，但是对于流速转向点的数目、位置、产生和移动的规律尚缺乏深入理解。A 点是向岸的涨潮流与向海的河道径流及落潮流相遇的位置。因为来自两侧的水流都指向该处，所以像 A 点这样的流速转向点可被称为"汇流转向点"。类似地，C 点也是一个汇流转向点，水流在 C 点汇聚，从两侧指向该点。而对于 B 点，条件是不同的，两侧的水流均远离该点，水流在此分离。因此，像 B 点这样的流速转向点被称为"分流转向点"。实际上，对于一个前进波，表面水流在水平方向的流向总是间隔分布的，因此，可以发现感潮河段中的汇流转向点和分流转向点是成对出现的。在图 4-7(a)中，B 点和 C 点之间的涨潮流可以从口门往上游上溯至超过 400 km 的位置。在枯季的长江感潮河段中，潮波的这种长距离传播的能力可以造成同时有 3 个流速转向点出现。

当感潮河段中同时出现 3 个流速转向点时，本研究团队统计分析了进入感潮河段上游的涨潮流的强度。例如，图 4-7(a)中 B 点和 C 点之间的涨潮流。本研究模拟计算了典型平水年的枯季 1 个月(2002 年 2 月)的水动力过程，统计了其中进入感潮河段上游的涨潮流的流量大小和河段长度。在每月的大潮期间，这段向岸流的最大流量为 10 200 m^3/s，向岸流最大流量的月内平均值为 5700 m^3/s。该段时间内，大通站向海下泄的径流量为 10 700 m^3/s。因此，在感潮河段上游，与河流的径流量相比，上溯的涨潮流是不可忽略的。此外，该段涨潮流的最大和平均长度分别为 128 km 和 72 km，分别占整个感潮河段长度(637 km)的 6%和 11%。这些结果表明，在类似于长江的大型感潮河段中，在枯季进入上游向岸方向的涨潮流具有与下泄径流量相当的强度。

4.3.2 流速转向点的随潮移动规律

在 1 个潮周期内，流速转向点会沿着感潮河段从口门向上游移动。图 4-8 显示了在枯季和洪季连续几个潮周期内流速转向点的移动轨迹，同时也显示了口门处的潮位变化。在图 4-8 中，红色阴影用于表示由涨潮流引起的向岸流的流量大小，蓝色阴影则用于表示由落潮流和径流叠加引起的向海流的流量大小。这两个阴影区域之间的边界就是流速转向点移动的轨迹。图中手指状的红色区域实际表示了从口门进入感潮河段的连续的涨潮流。

从图 4-8(a)可以看出，口门处 1 天内有两次完整的潮周期，一次潮差较大，另一次潮差较小，这就是半日潮海区的日潮不等现象。在日大潮期间，涨潮流一般比

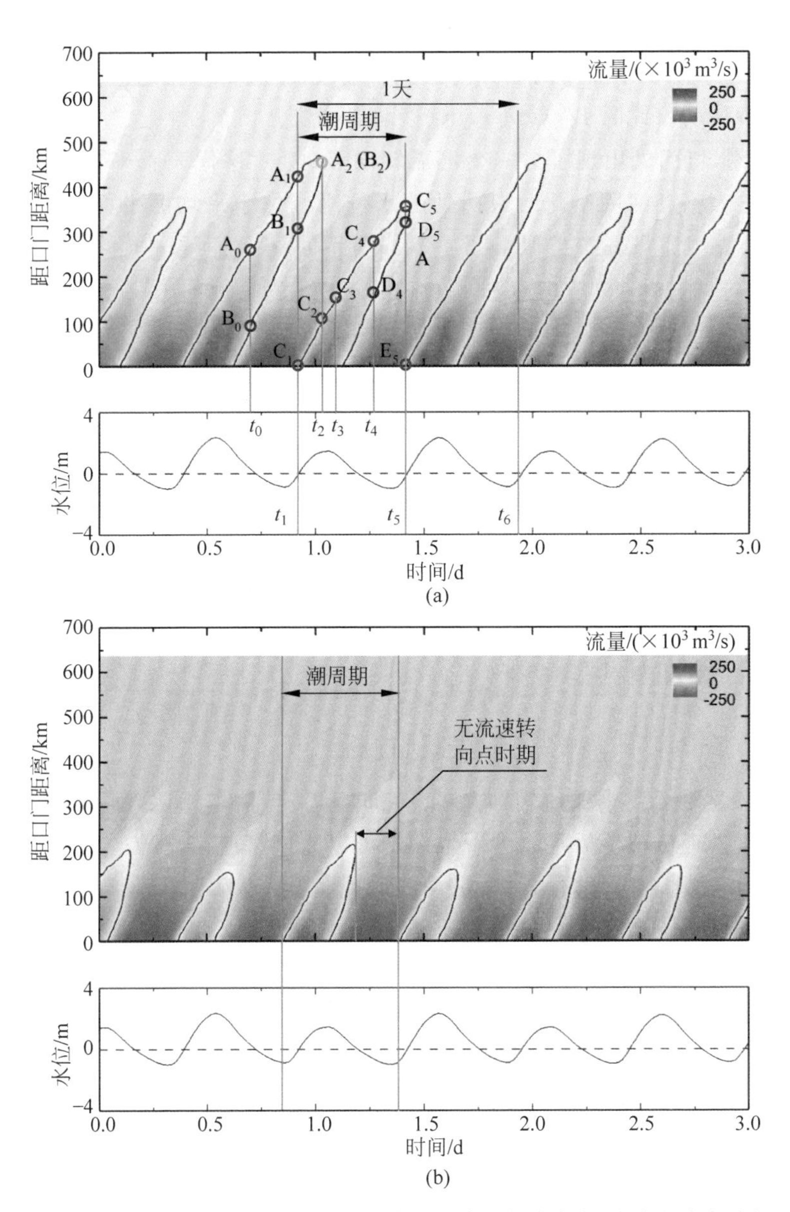

图 4-8 枯季和洪季连续潮周期内流速转向点的生成、移动和消失过程

(a) 枯季断面流量和水位；(b) 洪季断面流量和水位

注：红色和蓝色的阴影分别代表河道断面向岸流量和向海流量的大小，流速转向点的移动轨迹用黑线标记，汇流转向点和分流转向点分别用红色和蓝色的圆圈标出。

日小潮期间向上游上溯得更远。在一次日大潮期间给定的时间 t_0 时刻，共有两个流速转向点 A_0 和 B_0，且分别位于涨潮流的上游和下游。根据 4.3.1 节的定义，流

速转向点 A_0 是一个汇流转向点，两侧的水流在该点汇聚；而流速转向点 B_0 是一个分流转向点，水流在该点向两侧分离。随着潮波往上游传播，这两个流速转向点也同时向上游移动。此时 B_0 点比 A_0 点移动得更快。

在 t_1 时刻，口门处出现了另一个汇流转向点(C_1)，这代表着来自外海的又一个潮波开始进入感潮河段。此时口门处的水位刚好位于平均海平面。从 t_1 时刻到 t_2 时刻，当沿程流量分布类似于图 4-7(a)所示时，感潮河段中始终有 3 个流速转向点存在。直到 t_2 时刻，A_2 点和 B_2 点逐渐在红色区域的末端重叠，表明进入感潮河段上游的这段涨潮流在此时消失。结果，在整个感潮河段中只剩下一个流速转向点 C_3。接下来，另一个分流转向点 D_4 出现在 t_4 时刻，它实际与汇流转向点 C_4 配对。然后，在 t_5 时刻，从外海来的新的潮波又来到口门处，随后出现了另一个流速转向点(E_5)，而此时上游的分流转向点 D_5 和汇流转向点 C_5 仍然存在。然而点 D_5 和点 C_5 及其之间的涨潮流在感潮河段中很快就消失了，这时因为这对流速转向点是由当日的日小潮引起的向岸流上溯形成的。这段涨潮流在上游较短的距离内传播，持续的时间比之前日大潮引起的涨潮流要短。

在随后的潮周期内，例如从 t_5 时刻到 t_6 时刻，上述流速转向点的生成、移动和消失以类似的过程重复。

4.3.3 流速转向点的季节性变化过程

图 4-8(b)显示了洪季流速转向点的移动过程。与枯季相比，涨潮流在感潮河段传播的距离只有枯季传播距离的一半。这可以通过河道径流的增大引起的摩擦对潮波传播的衰减效应来解释，由于洪季河道径流量较大，洪季潮波在感潮河段衰减得更迅速。在下一个涨潮流从口门进入感潮河段之前，河道中现有的涨潮流已经消失。因此，在 1 个潮周期内会有一段时间感潮河段中不存在任何流速转向点。换言之，在这段时间内，感潮河段中都是向海的单向流。

在枯季和洪季，感潮河段中流速转向点的数量是不同的。在枯季，一个完整的潮周期内，流速转向点的数量会经历一个“3—1—2”个的循环，而在洪季的变化则是“2—0—1”个的循环。这种差异是由于径流的季节性变化引起的相邻两次涨潮流的不同重叠程度造成的。在 1 个潮周期内，各子河段复杂的流速转向过程会对营养盐和泥沙的输运等过程产生重要影响。

4.3.4 转向点位置和数量的理论分析

本节基于理论推导的方法分析了感潮河段中流速转向点与河道水位零梯度点之间的关系。

在感潮河段中，河道断面流量的沿程变化可以用一维浅水方程表示：

$$\frac{\partial Q}{\partial t}+\frac{\partial (QU)}{\partial x}+gA\frac{\partial \zeta}{\partial x}+gn^2\frac{|Q|Q}{AH^{4/3}}=0 \tag{4-6}$$

$$\frac{\partial A}{\partial t}+\frac{\partial Q}{\partial x}=0 \tag{4-7}$$

式中：Q——断面流量，$Q=A\cdot U$；

A——断面面积；

U——断面平均流速；

ζ——水面高程；

H——断面平均水深；

g——重力加速度；

n——曼宁系数。

方程(4-6)中的4项分别是：本地加速度项$\frac{\partial Q}{\partial t}$，对流项$\frac{\partial (QU)}{\partial x}$，水平方向的水位梯度项$gA\partial\zeta/\partial x$，摩擦力项$gn^2|Q|Q/AH^{4/3}$。

结合方程(4-6)和方程(4-7)，可以得到如下新的方程：

$$\frac{\partial U}{\partial t}+U\frac{\partial U}{\partial x}+g\frac{\partial \zeta}{\partial x}+gn^2\frac{Q|Q|}{A^2H^{4/3}}=0 \tag{4-8}$$

在方程(4-8)中，只有摩擦力项不是微分形式，同时摩擦力是一个被动力，总是指向与当前速度U相反的方向。因此，断面平均流速的方向总可以通过摩擦力的方向来识别，具体参考以下方程：

$$-gn^2\frac{Q|Q|}{A^2H^{4/3}}=g\frac{\partial \zeta}{\partial x}+\left(\frac{\partial U}{\partial t}+U\frac{\partial U}{\partial x}\right) \tag{4-9}$$

方程(4-9)表明水流的流速取决于水位梯度和加速度之间的关系，该方程式右边3项之间的相对大小可以基于研究区域的实际数据通过相互之间的比值来做一个简单的估算：

$$U\frac{\partial U}{\partial x}\Big/\frac{\partial U}{\partial t}:\frac{U\Delta U}{L}\Big/\frac{\Delta U}{T}=\frac{U}{L/T}=\frac{U}{C}=\frac{U}{\sqrt{gH}}=\frac{1}{\sqrt{9.81\times 20}}=0.07 \tag{4-10}$$

$$\begin{aligned}g\frac{\partial \zeta}{\partial x}\Big/\frac{\partial U}{\partial t}:\frac{g\Delta\zeta}{\Delta x}\Big/\frac{\Delta U}{T/2}&=(9.81\ \mathrm{m/s^2}\times 0.025‰)\Big/\left(\frac{2\ \mathrm{m/s}}{6.2\ \mathrm{h}}\right)\\&=\frac{24.5\times 10^{-5}}{8.9\times 10^{-5}}=2.78\end{aligned} \tag{4-11}$$

其中，感潮河段的平均最大流速为1 m/s(Yang et al.，2018)；感潮河段的平均水深约20 m(Zhang et al.，2016)。半日分潮的潮周期为12.4 h，此时流速变化的振幅为2 m/s，沿程的水位梯度为0.025‰。从估算结果可以发现，比起本地加速度项，对流加速度项在方程中可以忽略，因为它对于整个感潮河段速度变化的贡献很

小。因此方程(4-9)可以进一步简化为

$$-gn^2\underset{(a)}{\frac{Q|Q|}{A^2H^{4/3}}}=\underset{(b)}{g\frac{\partial\zeta}{\partial x}}+\underset{(c)}{\frac{\partial U}{\partial t}} \tag{4-12}$$

其中,微分项(a)、(b)和(c)分别代表摩擦力项、沿河道方向的水位梯度项和速度的时间变化项。流速的方向可以通过摩擦力项(a)来识别,因为摩擦力总是指向水流流动的相反方向。

首先,如果仅有水位梯度项(b)与摩擦力项(a)平衡,则流速方向可以由水位梯度的正负来确定。在感潮河段的落潮及径流控制段,水位梯度项为负,此时流速方向向海。相反,由涨潮流引起的水位正向梯度使得此时流速方向向岸。在上述假设下,流速转向点($U=0$)出现在水面梯度为0($\partial\zeta/\partial x=0$)的位置。接下来,当考虑本地加速度项(c)时,可以发现所有流速转向点(包括汇流转向点和分流转向点)都位于水位零梯度点的下游,如图4-7(b)所示,原因分析如下。

图4-7(b)展示了感潮河段沿程的水面高度和水位梯度,与图4-7(a)中的沿程流量分布相对应。从图4-7(b)可以看出,此时沿程共有3个水位零梯度点(A′、B′和C′),它们分别对应于图4-7(a)中的流速转向点(A、B和C),每个流速转向点位于对应的水位零梯度点的下游。而这种往下游的偏移可以通过式(4-12)中本地加速度项(c)的贡献来解释。在从落潮流(正向速度)到涨潮流(负向速度)的过渡期间,例如图4-7(b)中的点A′周围,正向流速的大小随时间减小,因此本地加速度项是负向的。根据式(4-3),当左边摩擦力项(a)为零时,需要正向的水位梯度(b)来平衡负的本地加速度项(c)。因此,流速转向点A位于水位梯度为正的位置,即从零水位梯度点A′向海移动的位置,如图4-7(a)和(b)所示。C′点和C点相对应的情形和上述情形相似,只是C′点的向海流主要是由河道径流而不是由落潮流引起的。在水位梯零度点B′处,本地加速度项(c)为正值,因此需要负向的水位梯度来平衡式(4-12)。结果,流速转向点B出现在水位零梯度点B′的向海一侧。因此,感潮河段中流速转向点的数量应与零水位梯度点的数量相同,并且流速转向点总是位于对应的水位零梯度点向海一侧偏移的位置,而不管流速转向点是汇流转向点还是分流转向点。

图4-9展示了枯季和洪季在1个潮周期内沿程表面水位梯度的分布。可以看出,在这两个季节中,近岸海域(−150～0 km)的水位梯度分布很相似,而感潮河段中的水位梯度分布则明显不同,特别是在感潮河段的上游和中游。在枯季,水面坡度的沿程变化比较缓慢,此时在示例的时刻可以同时找到3个水位零梯度点,从而导致3个流速转向点的存在。在洪季,河道下泄的巨大径流导致上游和中游的负向水位梯度较大,因此在感潮河段中同一时间最多有两个水位零梯度点存在。实

际上在感潮河段中，水位梯度是由径流和潮波的组合控制的，因此水位梯度表示为

$$\frac{\partial \zeta}{\partial x}=\left(\frac{\partial \zeta}{\partial x}\right)_{\text{river}}+\left(\frac{\partial \zeta}{\partial x}\right)_{\text{tide}} \tag{4-13}$$

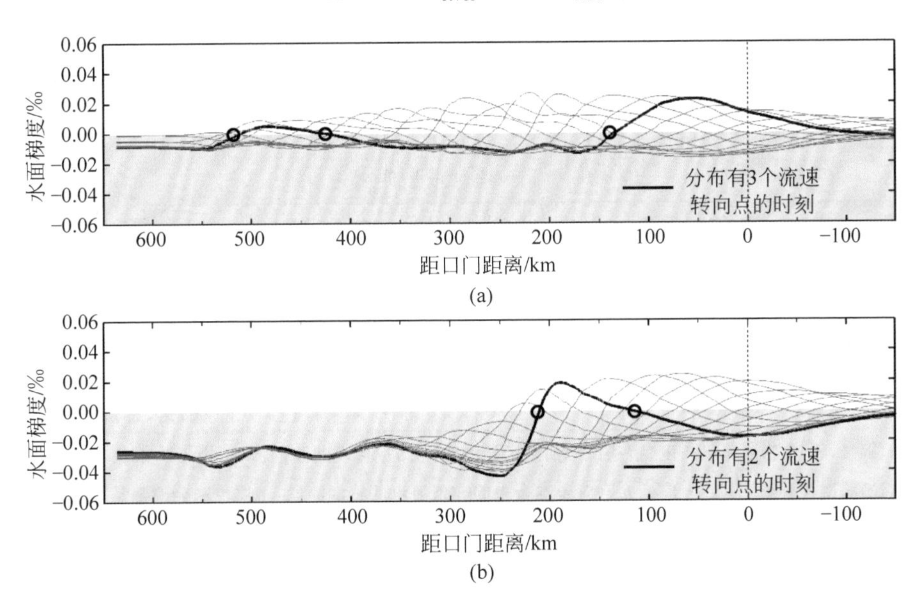

图 4-9　枯季和洪季 1 个潮周期内沿程水位梯度的分布

注：图中灰线表示枯季和洪季 1 个潮周期内的沿程水位梯度分布。在代表性的时刻中，水位零梯度点用圆圈标出。

在 1 个潮周期内，潮波引起的水位梯度$(\partial \zeta/\partial x)_{\text{tide}}$在正值和负值之间变化；而径流引起的水位梯度$(\partial \zeta/\partial x)_{\text{river}}$总是负值并指向向海的方向。如果径流引起的水位梯度分量大于潮波引起的最大水位梯度分量，则感潮河段中没有水位零梯度点的存在，在这种情况下也就不存在流速转向点。因此，可以认为在感潮河段中是否存在流速转向点取决于潮波和径流引起的水位梯度的相对大小关系。

在感潮河段中，河道径流与潮波之间的相对强度控制了流速转向点的产生和移动过程。在实际的大型感潮河段中，当河流的径流量和底床坡度都很小时，外海的潮波有可能在感潮河段中长距离传播，从而产生多个水位零梯度点，此时就会有多个流速转向点存在。相反，如果河流的径流量巨大，或者河床坡度较大，则潮波将在感潮河段的有限距离内显著衰减，因此也就不可能同时存在多个流速转向点。

在实际研究过程中，难以获得沿着整个感潮河段连续的水位或流速的测量数据，尤其是一些大型感潮河段(Hoitink et al.，2016)。作为替代方案，可以使用感潮河段长度和潮波长度之间的相对比值来简化地判断是否有潜在的多个流速转向点共存的现象。如果感潮河段的长度(L_r)大于潮波波长(L_t)，则感潮河段中可能

同时存在多个流速转向点。反之，如果感潮河段的长度相对较小，则不能同时存在多个流速转向点。采用这种方法，本研究对 5 条感潮河段进行了判断，如表 4-5 所示，其中的参数来自已发表的文献。可以看出，在亚马孙河和圣劳伦斯河的感潮河段中，$L_r/L_t>1$，因此可能有多个流速转向点在同一时间共存，类似于长江感潮河段的情况。关于哥伦比亚河和黄河的感潮河段，$L_r/L_t<1$，这表明，在感潮河段中不可能同时存在多个流速转向点。

表 4-5　5 条感潮河段中的相关参数

河　　流	区位	平均水深/m	L_r/km	L_t/km	L_r/L_t	参 考 文 献
长江	东亚	20	640	625	>1	本研究
亚马孙河	南美	20	800	625	>1	(Kosuth et al. ,2009)
圣劳伦斯河	北美	10	700	442	>1	(Godin,1999)
哥伦比亚河	北美	10	234	442	<1	(Jay et al. ,2016)
黄河	东亚	4	20	280	<1	(陈彰榕,1988)

注：L_r 代表感潮河段长度，指从口门到潮区界的距离；L_t 代表潮波的波长，由平均水深和近岸海域主要分潮的周期计算得到，$L_t=T\sqrt{gh}$。对于本表中的 5 条河流的感潮河段，主要控制分潮都是 M_2 分潮。

4.3.5　长江感潮河段潮流界的多时间尺度变化分析

潮流界被定义为涨潮流在感潮河段中消失的位置(萨莫伊洛夫，1958)。根据该定义，可以认为潮流界是感潮河段中最远的流速转向点。截至 2022 年的研究在使用潮流界的概念时一般在季节及更长的时间尺度上区分潮流界的变化过程(宋兰兰，2002；杨云平 等，2012)，而在本研究中，为了突出流速转向点随潮的变化特性，在季节以下的尺度上也对潮流界的变化做出分析。因此，本研究仍然沿用潮流界的概念，但其准确的内涵指瞬时可变的最远流速转向点的位置。

图 4-10 显示了潮流界在 1 年之内的位置变化。在图 4-10(a)中，灰线表示逐时潮流界，其位置每天从口门向上游移动两次。蓝线代表了逐潮潮流界的最远位置。可以看出，逐潮潮流界存在日周期的变化，这是由半日分潮海域潮汐的日潮不等引起的，主要来源于半日分潮和全日分潮的相互作用(Kvale，2006)。每日的大潮较每日的小潮期间，潮流界的位置更远。在图 4-10(b)和(c)中，绿线表示每日小潮期间的逐潮潮流界，红线和绿线之间的范围表示由日潮不等引起的潮流界的差异，其差异可以达到 100 km。

图 4-10(b)和(c)中的红线表示潮流界的日峰值包络线，称为逐日潮流界，代表了每日大潮期间潮流界的最远位置。图 4-10(c)显示了 1 年中逐日潮流界分布，图 4-10(d)显示了同一年中大通站的日径流量分布。在枯季，径流量较小，逐日潮流界可以到达距离口门 550 km 处的位置；而在洪季，逐日潮流界距离口门不超过

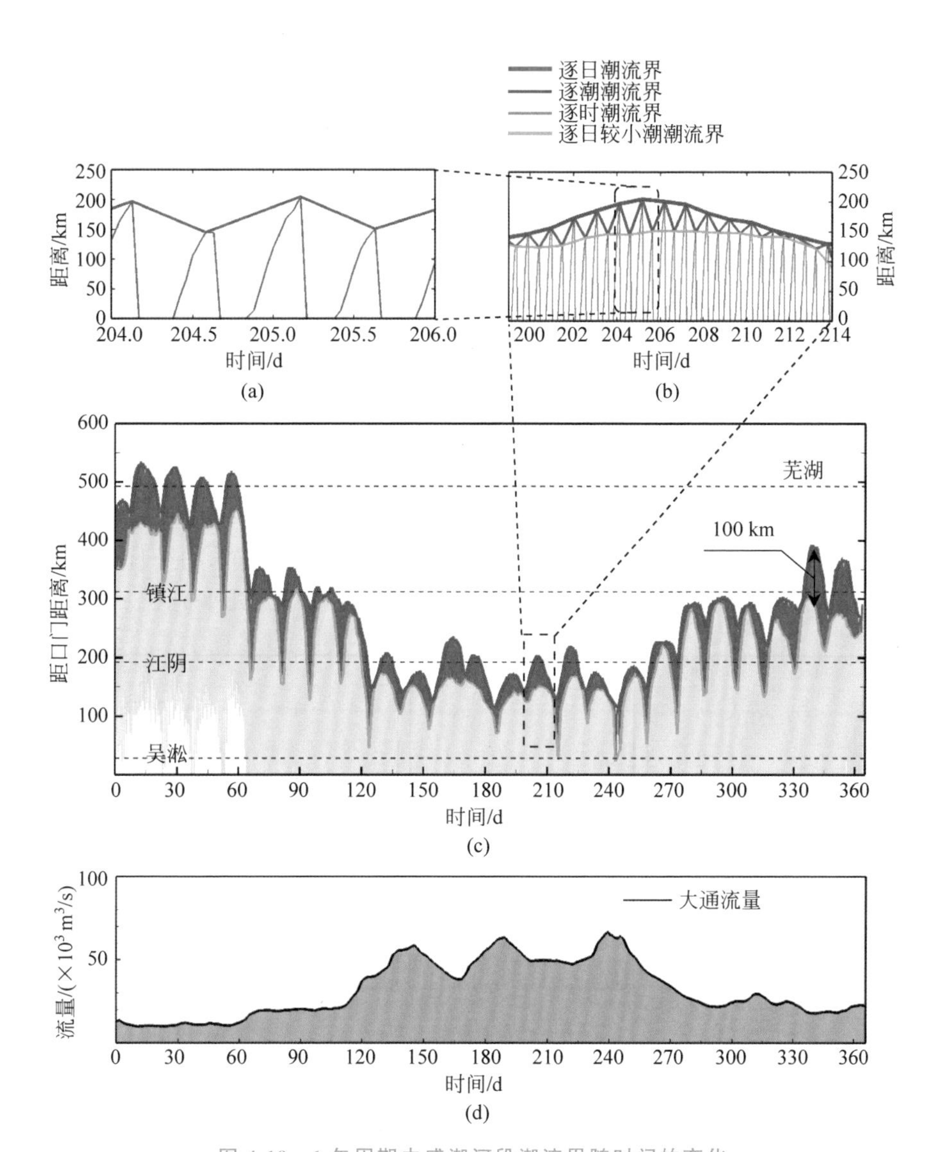

图 4-10　1 年周期内感潮河段潮流界随时间的变化

(a) 两天内详细的潮流界变化；(b) 半月内详细的潮流界变化；(c) 潮流界的季节性变化；(d) 大通站的日径流量

200 km。这一结果表明，枯季芜湖站(493 km)附近仍然会存在双向流的情况，这也和徐汉兴等(2012)基于现场流速测量数据推断的结果一致。在洪季，到江阴站(193 km)就不再有双向流出现，因此江阴站也常常被认为是长江感潮河段的洪季平均潮流界(宋兰兰，2002)。在镇江站(313 km)与芜湖站(493 km)之间，在 1 年中的 12 月份到次年的 3 月份之间，河段的流态为双向流；而 4 月份到 11 月份之间，河段内仅存在向海方向的单向流。在感潮河段内，水流流向的季节性变化与河流流量的季节性变化密切相关，如图 4-10(d)所示。此外，潮流界逐日的位置和河道的径流量之间存在明显的负相关关系。从图 4-10(b)和(c)中还可以看出，潮流界同时存在以半月为周期的波动，这个波动主要源自 M_2 和 S_2 分潮引起的浅水分潮 MS_f。

综上可以看出，感潮河段的潮流界有着多时间尺度的变化特征，包括逐潮变化、日均不等、半月的大小潮变化和季节性的变化。图 4-11 显示了使用快速傅里叶变换(fast Fourier transform，FFT)方法获得的潮流界频谱分布。为了清楚地显示多个时间尺度上的变化，使用 3 个区域来显示从低频到高频的全部范围，其基频分别为 1 次/a，1 次/月和 1 次/d。可以看出，在 1 次/a 频率下检测到潮流界的最大幅值为 97 km，在该频率下潮流界分量代表 1 年中季节变化的影响。排名第 2 的幅值对应于图 4-11(c)中半日分量的频率，幅值为 44 km，代表着半日分潮的贡献。半年分量和半月分量在频谱上对应的幅值排名第 3 和第 4，其值分别为 30 km 和 20 km。其他还有一些频率对应的分量具有较小的局部幅值，如全日分量和 1/4 日分量。对于频率高于 5 次/d 的高频分量，幅值已经减小到几乎为 0。

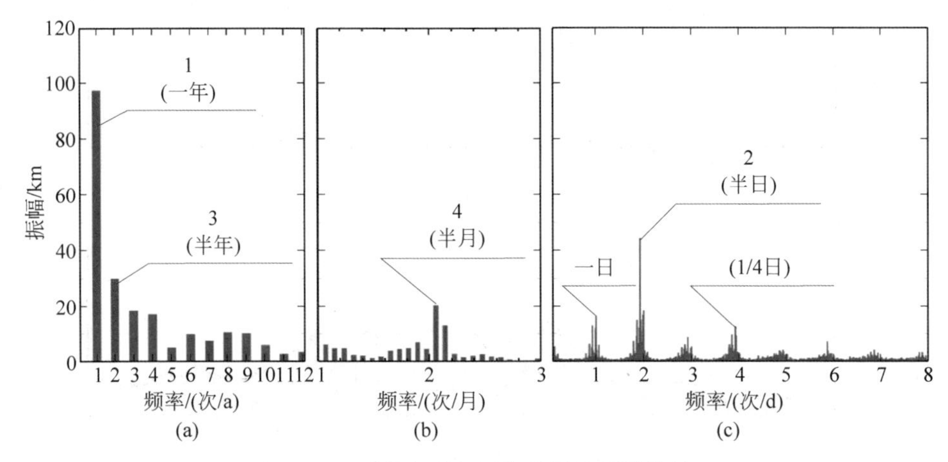

图 4-11 感潮河段逐时潮流界的频谱分析

注：图中的频率区域之间没有重叠。

4.4 感潮河段水动力过程对水库运行的响应

三峡水库总库容 393 亿 m^3，水库的防洪库容 221.5 亿 m^3(胡春宏，2016)。根据三峡水库 175 m 正常蓄水位设计方案，以平水年的月径流量作为建库前月径流量水平，在每年的 2 月份，由于水库增加下泄流量使得大通站的径流量从 9000 m^3/s 增加到 10 800 m^3/s，10 月份由于水库蓄水使得大通站的径流量从 41 500 m^3/s 下降至

33 100 m^3/s(沈焕庭 等,2003)。

4.4.1 水库蓄水影响下的分潮振幅变化

本节内容基于水动力学模型模拟的结果,量化了秋季三峡水库蓄水引起的感潮河段分潮振幅的变化。将建库前和建库后10月份大通站的径流量(41 500 m^3/s和33 100 m^3/s)分别作为上游边界条件,对这两种情形进行了感潮河段分潮振幅的计算。

图4-12展示了在有无水库蓄水情形下6种分潮沿程振幅分布的变化。在靠近口门的感潮河段范围(0~180 km),径流减小导致全日分潮和浅水分潮的振幅普遍减小,这与4.2.4节对径流在感潮河段分潮传播过程中作用的分析一致。而在感潮河段的180 km处往上游的河段,水库蓄水带来的径流减少导致6个分潮的振幅普遍增加,其中在感潮河段中间位置最为显著。在镇江站附近(310 km),6种分潮因水库蓄水带来的累积振幅增加量可达0.18 m,而镇江站在10月份的平均潮差也不过0.8 m(胡方西 等,1989)。本研究结果与之前的一项研究结果(Tan et al.,2016)不同,该研究得出的结论是,基于年逐时水位对感潮河段的站点做调和分析,三峡水库的调蓄不会影响感潮河段半日和全日分潮的振幅。两个不同的结论归因于对感潮河段中分潮调和常数的不同理解:调和常数在径流-潮汐相互作用下是稳定的还是非稳定的。从本研究的观点和近期的文献(Guo et al.,2015;Alebregtse et al.,2016)来看,由于河流径流量在季节之间的巨大变化,径流-潮汐的相互作用在季节之间会存在明显差异,因此感潮河段的调和常数应具有显著的季节变化特点,从而需要针对不同的月份来做调和分析,以真正研究分潮在感潮河段的波动过程。如果在忽略季节变化的情况下认为调和常数稳定,则应在超过1年的时间内对水位做调和分析,以防止季节性的调和常数变化在年内被平均化。

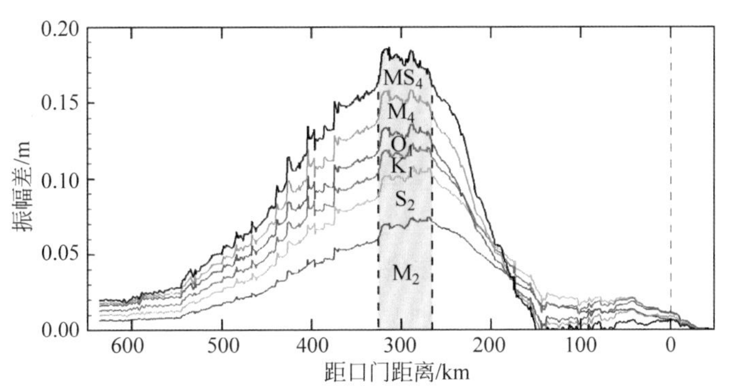

图4-12 三峡水库蓄水期运行引起的感潮河段分潮振幅的变化

综上,水库蓄水期的蓄水运行会对感潮河段各分潮的运动产生一定的影响。在 10 月份蓄水期,当入海径流量因水库蓄水调控降低 8400 m^3/s 时,6 种主要分潮在感潮河段中部的累积振幅增加值可达 0.18 m。

4.4.2 水库运行影响下的流速转向过程变化

基于数学模型计算的结果,表 4-6 显示了在有无三峡水库调蓄的不同情境下感潮河段流速转向过程的差异。一方面,在 2 月份枯水期,随着水库水位消落增加下泄流量,感潮河段上游径流量 20%的增加使得平均潮流界逐日的位置向海移动了 44 km。此外,感潮河段上游的涨潮流强度有明显下降,该段涨潮流的长度缩短了 13%,平均日峰值流量下降了 1830 m^3/s。另一方面,在 10 月份随着水库蓄水,大通站的径流量下降幅度约 20%,径流的下降导致潮流界向陆地移动了 30 km。

表 4-6 三峡水库调蓄影响下的长江感潮河段流速转向过程特征值的变化

		2 月				10 月			
		蓄水前	蓄水后	绝对差值	相对差值/%	蓄水前	蓄水后	绝对差值	相对差值/%
河流径流量/(m^3/s)		9000	10 800	**+1800**	**+20**	41 500	33 100	−8400	−20
潮流界/km		516	472	**−44**	**−9**	195	225	+30	+15
感潮河段上游涨潮流	河段长度/km	91	79	**−12**	**−13**				
	峰值流量/(m^3/s)	8070	6240	**−1830**	**−23**				

总的来说,在枯水期,三峡水库的调蓄减弱了向岸的涨潮流,潮流界位置沿着感潮河段向海移动;相反,在水库蓄水期间,三峡水库的调蓄导致了潮流界的位置向陆移动。

4.5 本章小结

本章模拟了长江感潮河段及近岸海域的水动力学过程,主要研究了各主要分潮在整个长江感潮河段的传播特征,重点比较了洪枯季径流变化引起的感潮河段分潮振幅的改变;定量描述了长江感潮河段单双向流交汇下的流速转向过程,分析了长江感潮河段中涨落潮流速转向点的数目和位置变化,揭示了流速转向点产生和移动的规律,总结了潮流界的多时间尺度变化特征;基于三峡水库设计调蓄的模式,计算评估了水库调蓄下径流量的变化对感潮河段分潮振幅和流速转向过程的特征值产生的影响。主要的研究结论如下:

(1) 长江感潮河段的水动力过程受到河道径流和外海潮汐相互作用的控制。对于主半日分潮，在整个感潮河段内，枯季的分潮振幅基本高于洪季，并且这种季节性的振幅差距最大的位置位于感潮河段中部。对于全日分潮和两个浅水分潮，在从口门到感潮河段中游的一段范围，枯季的振幅比洪季低，直至越过某个位置，枯季的振幅才开始高于洪季。

(2) 在长江感潮河段，由于潮波连续上溯，最多可以形成3个涨落潮流速转向点。流速转向点的数量在1个潮周期内的变化遵循枯季“3—1—2”和洪季“2—0—1”的变化规律，且流速转向点总是出现在水位零梯度点的下游。进入感潮河段上游的涨潮流强度在半月大潮期间流量可达10 000 m^3/s，在河道中占据的长度可达70 km，与此时河道下泄的径流量处于相同的数量级上。

(3) 潮流界的位置可以用距离口门最远的流速转向点来研究。潮流界位置存在着日潮不等、半月周期和季节性周期变化，通过频谱分析得知，季节性变化分量的振幅最大，半日分量的振幅其次。

(4) 在设计调蓄模式下，三峡水库蓄水期调蓄引起的流量减少可使得感潮河段中游潮波增强，6个主要分潮的累积增幅可达0.18 m。径流量的下降也引起了潮流界向陆方向移动了30 km。在枯水期，三峡水库下泄流量的增加，使得潮流界的位置向海移动44 km，进入感潮河段上游的涨潮流平均日峰值流量下降了1830 m^3/s，占据的河道长度缩短了13%。

参考文献

方国洪，郑文振，陈宗镛，等，1986. 潮汐和潮流的分析和预报[M]. 北京：海洋出版社：93-96.

胡春宏，2016. 我国多沙河流水库“蓄清排浑”运用方式的发展与实践[J]. 水利学报，47(3)：283-291.

胡方西，谷国传，1989. 中国沿岸海域月平均潮差变化规律. 海洋与湖沼[J]，20(5)：401-411.

萨莫伊洛夫，1958. 河口演变过程的理论及研究方法[M]. 北京：科学出版社.

沈焕庭，潘定安，2001. 长江河口最大浑浊带[M]. 北京：海洋出版社：15.

宋兰兰，2002. 长江潮流界位置探讨[J]. 水文，22(5)：25-26.

徐汉兴，樊连法，顾明杰，2012. 对长江潮区界与潮流界的研究[J]. 水运工程，467(6)：15-20.

杨云平，李义天，韩剑桥，等，2012. 长江口潮区和潮流界面变化及对工程响应[J]. 泥沙研究，(6)：46-51.

ALEBREGTSE N C，DE SWART H E，2016. Effect of river discharge and geometry on tides and net water transport in an estuarine network，an idealized model applied to the Yangtze Estuary[J]. Continental Shelf Research，123：29-49.

CAI H Y，SAVENIJE H H G，TOFFOLON M，2014. Linking the river to the estuary：influence of river discharge on tidal damping[J]. Hydrology and Earth System Sciences，18(1)：287-304.

DALRYMPLE R W, CHOI K, 2007. Morphologic and facies trends through the fluvial-marine transition in tide-dominated depositional systems: a schematic framework for environmental and sequence-stratigraphic interpretation[J]. Earth-Science Reviews, 81(3-4): 135-174.

EGBERT G D, EROFEEVA S Y, 2002. Efficient inverse modeling of barotropic ocean tides[J]. Journal of Atmospheric and Oceanic Technology, 19(2): 183-204.

FREITAS P T A, SILVEIRA O F M, ASP N E, 2012. Tide distortion and attenuation in an Amazonian Tidal River[J]. Brazilian Journal of Oceanography, 60(4): 429-446.

FRIEDRICHS C T, 2010. Baroclinic tides in channelized estuaries[D]. Cambridge University Press, Cambridge, UK.

GUO L C, WEGEN M V D, JAY D A, et al., 2015. River-tide dynamics: exploration of nonstationary and nonlinear tidal behavior in the Yangtze River Estuary[J]. Journal of Geophysical Research-Oceans, 120(5): 3499-3521.

HOITINK A J F, JAY D A, 2016. Tidal river dynamics: implications for deltas[J]. Reviews of Geophysics, 54(1): 240-272.

HORREVOETS A C, SAVENIJE H H G, SCHUURMAN J N, et al., 2004. The, influence of river discharge on tidal damping in alluvial estuaries[J]. Journal of Hydrology, 294(4): 213-228.

HU K L, DING P X, WANG Z B, et al., 2009. A 2D/3D hydrodynamic and sediment transport model for the Yangtze Estuary[J]. China. Journal of Marine Systems, 77(1-2): 114-136.

KOSUTH P, CALLEDE J, LARAQUE A, et al., 2009. Sea-tide effects on flows in the lower reaches of the Amazon River[J]. Hydrological Processes, 23(22): 3141-3150.

KUANG C P, LIU X, GU J, et al., 2013. Numerical prediction of medium-term tidal flat evolution in the Yangtze Estuary: impacts of the three gorges project[J]. Continental Shelf Research, 52: 12-26.

KVALE E P, 2006. The origin of neap-spring tidal cycles[J]. Marine Geology, 235(1): 5-18.

LU S, TONG C F, LEE D Y, et al., 2015. Propagation of tidal waves up in Yangtze Estuary during the dry season[J]. Journal of Geophysical Research-Oceans, 120(9): 6445-6473.

MATTE P, SECRETAN Y, MORIN J, 2014. Temporal and spatial variability of tidal-fluvial dynamics in the St. Lawrence fluvial estuary: an application of nonstationary tidal harmonic analysis[J]. Journal of Geophysical Research-Oceans, 119(9): 5724-5744.

PARKER B B, 1991. The relative importance of the various nonlinear mechanisms in a wide range of tidal interactions[M].

PAWLOWICZ R, BEARDSLEY B, LENTZ S, 2002. Classical tidal harmonic analysis including error estimates in MATLAB using T-TIDE[J]. Computers & Geosciences, 28(8): 929-937.

RALSTON D K, GEYER W R, LERCZAK J A, 2010. Structure, variability, and salt flux in a strongly forced salt wedge estuary[J]. Journal of Geophysical Research, 115(C6).

TAN Y, YANG F, XIE D H, 2016. The change of tidal characteristics under the influence of human activities in the Yangtze River Estuary[J]. Journal of Coastal Research, 75(spl): 163-167.

WL|DELFT H, 2014. Delft3D-FLOW user manual, version 3.15[Z], 91: 187.

WU H, ZHU J R, SHEN J, et al., 2011. Tidal modulation on the Changjiang River plume in summer[J]. Journal of Geophysical Research Atmospheres, 116(C8): 192-197.

YANG H F, YANG S L, XU K H, et al., 2018. Human impacts on sediment in the Yangtze River: a review and new perspectives[J]. Global and Planetary Change, 162: 8-17.

ZHANG E F, SAVENIJE H H G, CHEN S L, et al., 2012. An analytical solution for tidal propagation in the Yangtze Estuary, China[J]. Hydrology and Earth System Sciences, 16(9): 3327-3339.

ZHANG M, TOWNEND I, ZHOU Y X, et al., 2016a. Seasonal variation of river and tide energy in the Yangtze Estuary, China[J]. Earth Surface Processes and Landforms, 41(1): 98-116.

CHAPTER 5

第5章 长江感潮河段泥沙输运特征与地貌演变

水库的运行，改变了长江干流水流的季节性特征，还拦截了大量上游来沙。上游水沙环境的变化对感潮河段的影响不仅体现在年内，还将持续数十年乃至多个世纪。理解在多个时间尺度下感潮河段对来沙减少的响应，有助于解决实际问题，例如航道的治理与长期规划、河口三角洲的可持续发展。本章首先建立了长江感潮河段泥沙数学模拟，分析了在河段内径流-潮汐共同作用下泥沙的动力特征；进一步基于三峡建坝前后的来水来沙情形，模拟分析了水库运行对该区域泥沙动力特征的影响。其次，基于实测地形资料建立了数字高程模型，对长江感潮河段年代际泥沙收支平衡与地形演变进行了研究，获取了河道沿程冲淤和深泓变化特征，初步分析了河段年代际地貌变化的原因。最后，对感潮河段的长期地貌演变，利用简化的动力地貌模型分析了来沙减少和海平面上升的影响，揭示了简化河段的平衡态过渡机理，并采用概化模型分析了长江口长期地貌演变的趋势。

5.1 数据资料与基本方法

5.1.1 长江感潮河段泥沙数学模型

对感潮河段悬沙的年内输运过程，使用 Delft 3D 软件的泥沙输运模块进行模拟和分析。由于长江口地区悬沙和底沙的粒径变化范围比较广（窦希萍 等，1999；曹振铁 等，2002），因此需要同时考虑较细组分（即黏性沙组分，粒径<0.064 mm）和较粗组分（即非黏性沙组分，粒径>0.064 mm）的输运。其中，黏性沙组分以悬移质形式运动，而非黏性沙组分以悬移质和推移质的形式进行输运。对于平面二维悬沙模型，在计算悬沙运动时，主要求解基于水深平均的对流扩散方程：

$$\frac{\partial hs_i}{\partial t}+\frac{\partial hus_i}{\partial x}+\frac{\partial hvs_i}{\partial y}-\frac{\partial}{\partial x}\left(h\varepsilon_{\mathrm{h}}\frac{\partial s_i}{\partial x}\right)-\frac{\partial}{\partial y}\left(h\varepsilon_{\mathrm{h}}\frac{\partial s_i}{\partial y}\right)=F_i \tag{5-1}$$

式中：h——水深，m；

u,v——垂向平均流速，m/s；

s_i——第 i 个泥沙组分的垂向平均悬沙浓度，kg/m^3；

ε_{h}——泥沙水平紊动扩散系数，m^2/s；

F_i——第 i 个泥沙组分的源汇项，代表着水体和床面的泥沙通量交换，kg/(m^2/s)。

针对黏性沙组分，利用冲淤源项公式，即 Partheniades-Krone 公式(Partheniades, 1965)进行计算：

$$F_i=E_i-D_i \tag{5-2}$$

$$E_i=M_iS(\tau_{\mathrm{cw}},\tau_{\mathrm{cr},e_i}) \tag{5-3}$$

$$D_i=w_is_{b_i}S(\tau_{\mathrm{cw}},\tau_{\mathrm{cr},d_i}) \tag{5-4}$$

$$S(\tau_{\mathrm{cw}},\tau_{\mathrm{cr},e_i})=\begin{cases}\tau_{\mathrm{cw}}/\tau_{\mathrm{cr},e_i}-1, & \tau_{\mathrm{cw}}>\tau_{\mathrm{cr},e_i}\\ 0, & \tau_{\mathrm{cw}}>\tau_{\mathrm{cr},e_i}\end{cases} \tag{5-5}$$

$$S(\tau_{\mathrm{cw}},\tau_{\mathrm{cr},d_i})=\begin{cases}1-\tau_{\mathrm{cw}}/\tau_{\mathrm{cr},d_i}, & \tau_{\mathrm{cw}}<\tau_{\mathrm{cr},d_i}\\ 0, & \tau_{\mathrm{cw}}<\tau_{\mathrm{cr},d_i}\end{cases} \tag{5-6}$$

式中：E_i——冲刷源项，kg/(m^2/s)；

D_i——淤积源项，kg/(m^2/s)；

M_i——侵蚀系数，kg/(m^2/s)；

w_i——第 i 组泥沙的沉速，m/s；

$S(\tau_{\mathrm{cw}},\tau_{\mathrm{cr},e_i})$和 $S(\tau_{\mathrm{cw}},\tau_{\mathrm{cr},d_i})$——侵蚀状态函数和淤积状态函数；

τ_{cw}——床面剪切应力，N/m^2；

$\tau_{\mathrm{cr,e_i}}$——第 i 个泥沙组分的临界侵蚀应力，N/m^2；

$\tau_{\mathrm{cr,d_i}}$——第 i 个泥沙组分的综合临界淤积应力，N/m^2。

在本研究中对于临界淤积应力的考虑，根据 Winterwerp 等(2004)及 Luan 等(2017)的建议，认为在计算过程中始终存在淤积源项而不存在临界淤积应力。

针对非黏性沙组分，主要是基于 Van Rijn(1993)的公式，给出一个参考高度 a，认为参考高度以上的泥沙是悬移质运动，参考高度以下的泥沙是推移质运动。在本研究中，参考高度 a 的计算公式为

$$a=\min\{\max\{k_s,0.01h\},0.20h\} \tag{5-7}$$

式中：k_s——有效糙率高度，取默认值 0.01 m；

h——水深，m。

在参考高度处根据水流和粒径条件给定参考泥沙浓度，从而计算床面泥沙的侵蚀量；泥沙淤积量则通过底部浓度与沉速的乘积得到，其中底部浓度和垂向平均浓度的关系通过假设悬沙垂向分布符合劳斯分布得到。

参考浓度的计算公式为

$$c_{ai}=0.015\rho_{si}\frac{D_{50,i}T_{ai}^{1.5}}{aD_{*i}^{0.3}} \tag{5-8}$$

$$T_{ai}=\frac{\tau_{cw}-\tau_{cri}}{\tau_{cri}} \tag{5-9}$$

$$D_{*i}=D_{50,i}\left[\frac{(s_i-1)g}{\nu^2}\right]^{1/3} \tag{5-10}$$

式中：$D_{50,i}$——第 i 个非黏性沙组分的实际粒径，m；

D_{*i}——第 i 个非黏性沙组分的无量纲化粒径；

T_{ai}——第 i 个非黏性沙组分无量纲化底部切应力；

τ_{cri}——临界该组分对应的希尔兹曲线上临界切应力的大小；

s_i——ρ_{si} 与 ρ 的比值。

推移质输运的计算基于 Van Rijn(1993)非黏性底沙公式：

$$|S_{bi}|=0.006w_{si}D_{50,i}\frac{u(u-u_{cri})^{1.4}}{[(s_i-1)gD_{50,i}]^{1.2}} \tag{5-11}$$

式中：$|S_{bi}|$——第 i 个非黏性沙组分的推移质单宽输沙率，m^2/s；

$D_{50,i}$ 表示第 i 个非黏性沙组分的实际粒径，m；

u_{cri}——第 i 个非黏性沙组分的临界起动流速，m/s。

前人的研究表明，在合理率定泥沙模型参数和输入边界条件的前提下，Delft 3D 泥沙输运模型能够很好地模拟长江口近岸海域和杭州湾地区多时间尺度的悬沙分布、输运和地形冲淤演变特征(Hu et al.,2009；Xie et al.,2009；Kuang et al.,2013；Luan et al.,2017)。

本章基于 Delft 3D 软件的泥沙输运模块模拟并分析了感潮河段悬沙输运过程。在平面二维泥沙模型设置过程中，上游边界的悬沙浓度为大通站实测的日平均悬沙浓度值，悬沙级配按照三峡水库运行前后的 3 个阶段(1986—2002 年、2003—2012 年和 2013—2016 年)的多年平均实测悬沙级配分别给定，如图 5-1(a)所示。可以看出，上游水库运行前后，大通站粒径小于 0.004 mm 的黏粒组分占比有所降低，粒径大于 0.004 mm 的组分略有增加，这可能与水库下游的河道冲刷带来的悬沙粒径粗化有关(许全喜 等,2012)。但整体上看,大通站入海泥沙粒径级配变化并不显著。

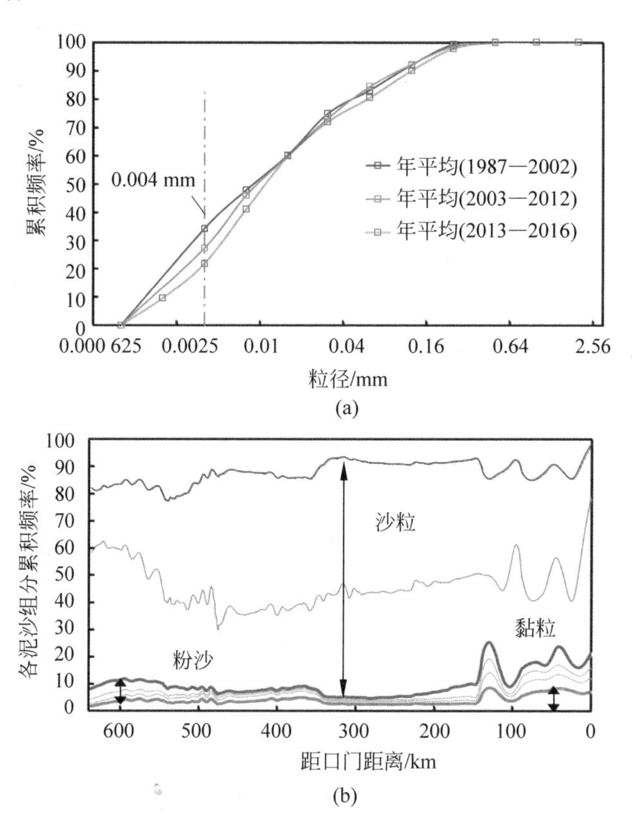

图 5-1 感潮河段实测悬沙级配和床沙级配沿程分布

(a) 大通站悬沙级配;(b) 感潮河段床沙级配

图 5-1(b)给出了根据实测资料插值得到的感潮河段床沙级配沿程分布情况。数据资料来源于罗向欣(2013),采样时间为 2008 年 1 月。可以看出,感潮河段上游和下游大部分河段内,黏性沙(包括黏粒和粉沙)组分占比不超过 10%,而在靠近口门处 150 km 的河段范围,黏性沙占比增加,平均占比可达 20%。

在模型计算时,按不同的代表粒径将泥沙共分为 7 组,其中 4 组是黏性沙组分(mud),代表粒径依次为 0.005,0.01,0.025,0.05 mm,3 组是非黏性沙组分(sand),代表粒径依次为 0.1,0.25,0.3 mm(表 5-1),覆盖了研究区域内黏性沙和非黏性沙的粒径变化范围。各黏性沙组分的沉速参考张瑞瑾等的(2007)各区统一沉速公式,黏性沙的临界剪切应力取值参考丁平兴等(2003)和 Du 等(2010)的方法并结合模型率定的结果,各黏性沙组分的侵蚀系数通过实测站点的悬沙浓度过程序列进行模型率定得到。

表 5-1　模型中各计算组分参数设置

类别	组分	粒径/mm	沉速/(mm/s)	临界剪切应力/(N/m^2)	侵蚀系数/($\times10^{-4}$ kg/(m^2/s))
黏性沙	M1	0.005	0.047	0.82	2.25
	M2	0.01	0.190	0.41	3.00
	M3	0.025	0.514	0.17	3.75
	M4	0.05	1.576	0.09	1.50
非黏性沙	S1	0.1	—	—	—
	S2	0.25			
	S3	0.3			

对长江口感潮河段悬沙浓度变化过程的正确模拟，首先依赖于对径流-潮汐相互作用下的涨落潮、大小潮和洪枯季等不同周期内水动力过程的正确模拟，详见第 4 章。

为了进一步验证模型，本研究收集了感潮河段内 9 个站点的逐时悬沙浓度数据用于模型的率定和验证(站点位置见图 5-2)，验证时期包括不同的上游径流来流阶段。图 5-3～图 5-5 分别展示了 2004 年 8 月 30 日—9 月 10 日，2005 年 1 月 24 日—2 月 4 日和 2014 年 4 月 4 日—4 月 15 日的悬沙浓度验证结果。可以看出，在不同的潮波动力和径流条件下，模型的模拟值能够较好地反映出悬沙浓度随潮的周期性波动和大中小潮的悬沙浓度差别。

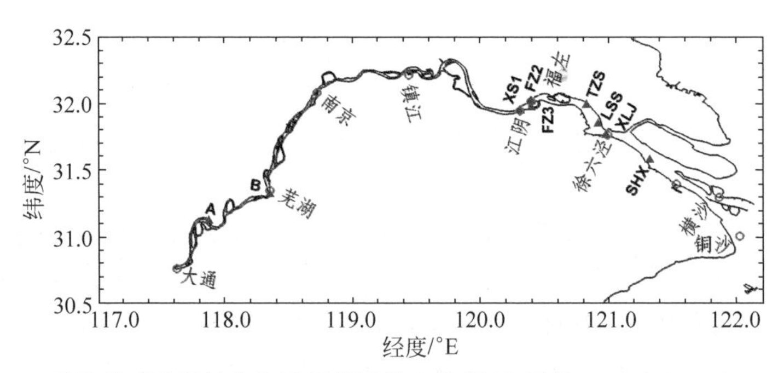

图 5-2　悬沙浓度验证站点和重要指示站点位置(审图号：GS 京(2023)0586 号)

注：图中用于验证的悬沙浓度站点包括位于感潮河段上游的 2 个站点：A 站和 B 站，以及位于感潮河段下游的 7 个站点：XS1，FZ2，FZ3，TZS，LSS，XLJ，SHX。

对于模型验证的结果，通过进一步统计悬沙浓度的均方根误差(RMSE)来评估模型的精度：

$$\mathrm{RMSE}=\sqrt{\frac{1}{N}\sum_{i=1}^{N}(p_i-m_i)^2} \tag{5-12}$$

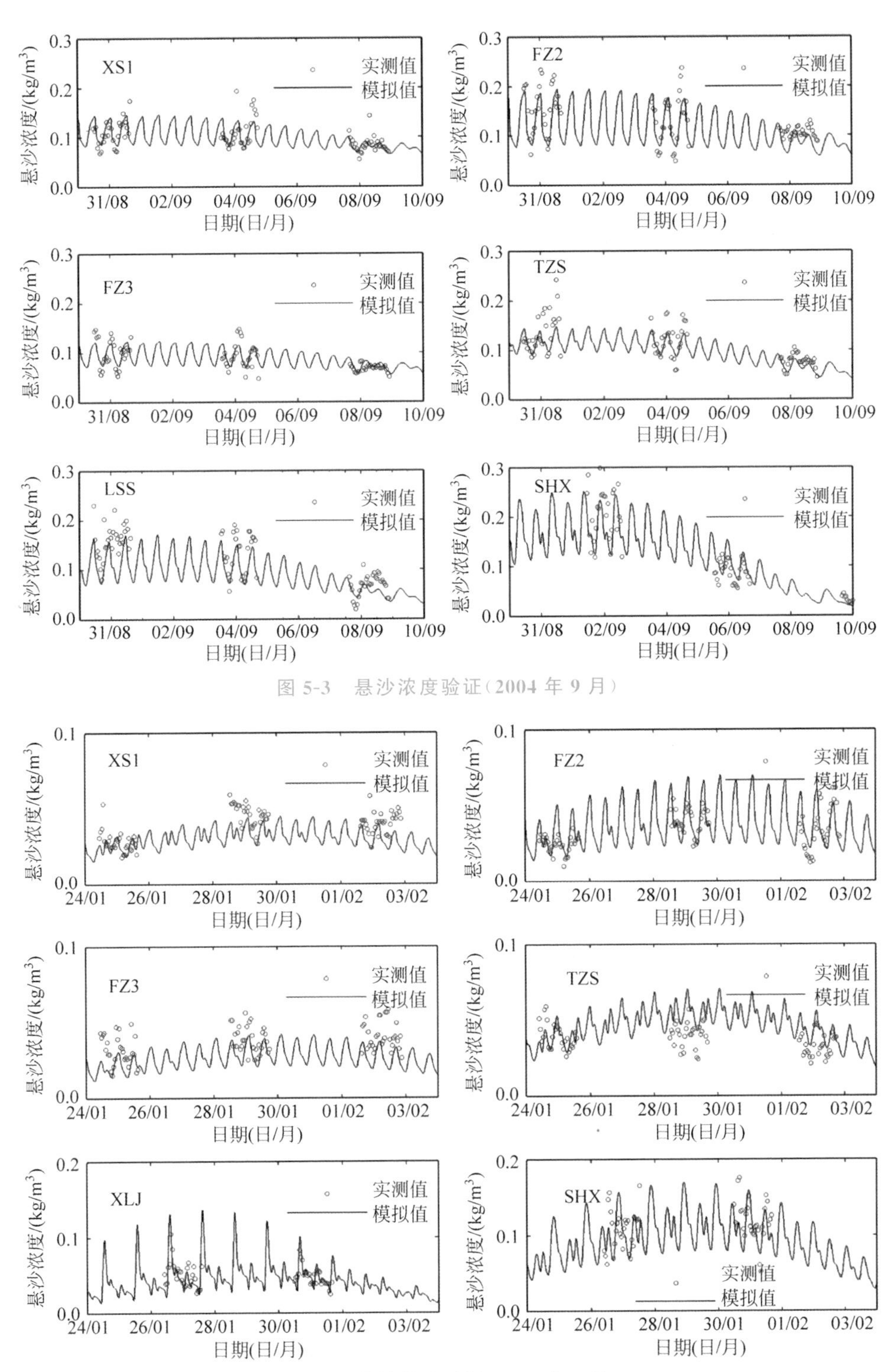

图 5-3　悬沙浓度验证(2004 年 9 月)

图 5-4　悬沙浓度验证(2005 年 1 月)

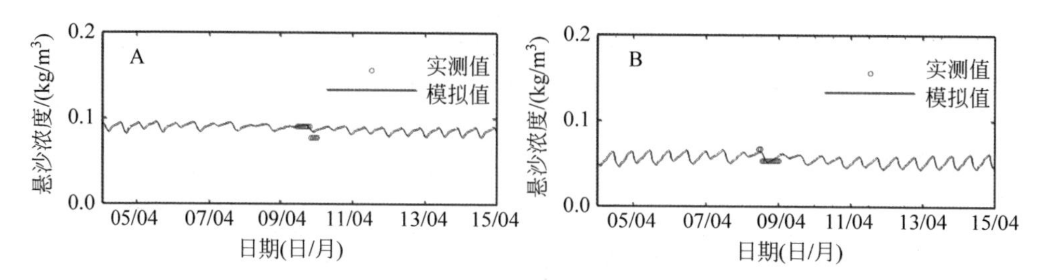

图 5-5 悬沙浓度验证(2014 年 4 月)

其中,p_i 和 m_i 分别代表用来比较的悬沙浓度的模拟值和实测值的序列;i 和 N 分别代表验证数据系列的次序和总数。部分站点统计计算得到的 RMSE 如表 5-2 所示,综合来看,模型验证结果与前人关于长江口区域泥沙模型的模拟结果(Hu et al.,2009; Kuang et al.,2013)在同一水平。

表 5-2 悬沙浓度的模型验证结果

验证时期	站点	RMSE/(kg/m³)	验证时期	名称	RMSE/(kg/m³)
2005 年 1 月	XS1	0.008	2004 年 9 月	XS1	0.021
	FZ2	0.010		FZ2	0.034
	FZ3	0.013		FZ3	0.018
	TZS	0.008		TZS	0.026
2014 年 4 月	A	0.005		平均值	0.015
	B	0.004			

5.1.2 长江感潮河段数字高程模型建立及分析方法

对感潮河段年代尺度的地形演变,采用历史地形进行分析。数字化的长江感潮河段的河流地形图来自国家科技资源共享服务平台-国家地球系统科学数据中心共享服务平台-长江三角洲分中心。表 5-3 列出了长江感潮河段(大通—江阴)的历史地形图信息,这些地形图出版的年份分别为 1972 年、1992 年、2003 年和 2008 年,其中包含散点水深、等深线及河岸、沙洲的岸线位置。所用地图的比例尺均为 1∶4 000 000。1972 年出版的地形图,其数据实际是在 1969—1970 年采集的,为方便起见,之后描述这一数据集时都标为 1970 年。地形图中江阴下游的水深是相对于理论最低潮面,而江阴上游的水深是相对于航行基准面。散点在河道横截面方向的间距多为 100~400 m,沿河道方向的间距为 300~800 m。同时,考虑散点及等深线上的采样点,得到的平均点密度约为 20~60 个点每 1 km²。

表 5-3　长江感潮河段(大通—江阴)的历史地形图信息

出版年份	测量年份	比　例　尺	测量机构
1972	1969,1970	1∶4 000 000	中国人民解放军海军司令部航海保证部
1992	1992	1∶4 000 000	
2003	2003	1∶4 000 000	
2008	2008	1∶4 000 000	长江航道局

所有的地形数据都采用 1954 北京坐标系。地形插值利用了地形图上的散点、等深线上的采样点及部分岸线(缓坡处)上的采样点。由于江阴—徐六泾河段的数据缺失,主要研究区域取为大通—江阴河段。为得到相对于统一垂向基准面(如 1985 国家高程基准)的河道地形,需要利用水深基准面对水深进行转换。图 5-6 显示了长江感潮河段相对于 1956 黄海高程系的水深基准 h_{d}。2008 年的地形图中江阴上游的水深基准面是 1971 年的航行基准面。这里假定了过去几十年中航行基准面和潮汐条件基本不变,因而对所有的地形数据采用了同样的水深基准面。地形图上的水深 h 通过下式转换到 1985 国家高程基准:

$$z = h_{\mathrm{d}} - h - 0.029$$

其中,z 和 -0.029 分别表示底床地形和 1956 黄海高程系相对于 1985 国家高程基准的位置。

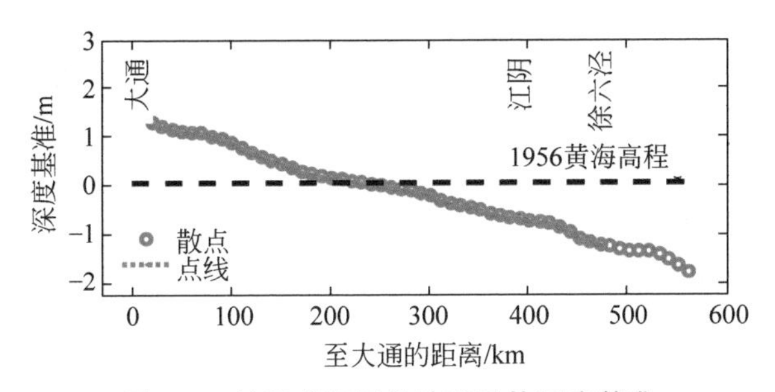

图 5-6　长江感潮河段地形图的深度基准

注:散点表示来自 2008 年武汉—吴淞航道图中的参考深度,点线为对其分段线性拟合的结果。高度 0(虚线)对应 1956 黄海高程,另显示了大通、江阴和徐六泾的位置。

在水深插值的过程中,考虑了河道地形各向异性的性质,即一般而言,沿河道方向的地形坡度比沿河道横截面方向的地形坡度小。Merwade 等(2006)的研究表明,在对河道地形进行插值时,在顺着水流的坐标系中,空间各向异性插值方法得到的结果明显好于各向同性插值方法得到的结果。各向异性插值的基本原理是插值的权重(一般与到插值点的距离成反比)在不同方向是不同的。这里对河道地形进行各向异性插值意味着,在距插值点相同距离的条件下,赋予沿水流方向的点的插值权重大于垂直于水流方向的点的权重。

为了从水深数据得到数字高程模型,本研究团队首先利用 RGFGRID(Deltares,

2017)生成正交网格系统。使用这样的网格系统的原因是网格顺着河岸,且易于利用沿河道的距离将深度转换到基准面及提取河道纵截面信息。网格系统覆盖了1970年、1992年、2003年和2008年的研究区域,且考虑了河岸和沙洲在这些年的区别。其次,依据Merwade等(2006)的研究,利用河道的中心线,将地形图上的点的位置和笛卡儿坐标中的网格节点投影到曲线正交坐标系(s,n)。此外,在沿河道方向s的距离被除以一个大于1的因子α(这里取了3),以考虑河流地形的各向异性。选择因子$\alpha=3$的原因在随后的插值精度分析部分中进行说明。对于具有多个分支的河段,上述过程分别应用于每个分支。继而对采样点进行了Delaunay三角剖分(Amidror,2002),并对河道进行了自然邻域插值。对于河岸以外及沙洲内的地区,假定其海拔与河岸或沙洲岸线相同。再次,利用网格节点上插值得到的深度基准,将深度值转换为相对基准面的值,这里假定深度基准在沿河道方向呈线性变化,在河道横截面方向不变。最后即可利用笛卡儿坐标中的数字高程模型对研究区域内的冲淤进行分析。与各向同性方法相比,各向异性方法得出的河道剖面在河道方向更真实(图5-7)。

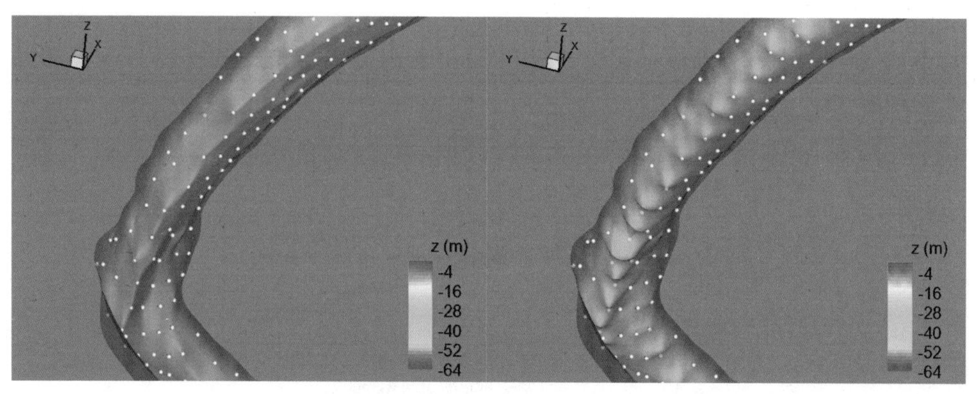

图 5-7 长江感潮河段南京—镇江段2003年的数字高程模型

注:左图采用了各向异性插值,右图采用了各向同性插值,其中白色点为地形图中的原始水深散点。

为了识别冲淤在空间和波数/波长上的详细特征,本研究团队采用连续小波变换(continuous wavelet transform,CWT),其中利用了莫莱特小波(Morlet Wavelet)。这种分析类似于对时间序列的时频分析,例如对湍流、降雨和海面温度的时间序列的分析(Farge,1992; Kumar et al.,1997; Torrence et al.,1998)。为此,通常采用连续小波作为CWT的基函数,所选小波需满足正则性条件,即小波应该集中在一个有限域上,并且足够光滑(Farge,1992)。采用连续小波的CWT也被应用于地形数据,以识别地形的空间和频谱特征(Little et al.,1993; Malamud et al.,2001)。这里选择莫莱特小波用于CWT,因为莫莱特小波在时间和频率(或空间和波数)的分辨方面有很好的平衡(Grinsted et al.,2004)。小波分析的详细介绍如下。

小波变换是一种适合分析非平稳信号局部特征的工具(Torrence et al.，1998)。非平稳信号指其在频率(或波数)域中的量随时间(或位置)变化。为了获得数据在时域和频域(或位置-波数域)中的详细频谱信息，通常采用CWT。函数$f(x)$的CWT定义为$f(x)$与基于一个“母”小波函数$\psi_0(\eta)$(η是量纲一的时间/空间参数)进行了缩放和平移的“子”小波函数$\psi_{a,b}$的卷积，即

$$W(a,b)=\frac{1}{\sqrt{a}}\int_{-\infty}^{\infty}f(x)\psi_0^*\left(\frac{x-b}{a}\right)\mathrm{d}x \tag{5-13}$$

这里，上标“*”表示复共轭，a和b分别表示小波$\psi_0(\eta)$的尺度和位置。能量归一化因子$\frac{1}{\sqrt{a}}$用于保持$\psi_{a,b}$的能量与ψ_0的能量相同，以便在每个尺度上可以直接对W进行比较。对于区间在$[-\eta_0,\eta_0]$的小波ψ_0，相应$\psi_{a,b}$的区间为以b为中心的$[-a\eta_0+b,a\eta_0+b]$。每一个尺度上，W通过计算信号与$\psi_{a,b}$在区间$[-a\eta_0+b,a\eta_0+b]$的内积得到，其中对b进行平移以遍历原信号的整个区间。

莫莱特小波由一个经高斯包络调制的平面波组成，表示为

$$\psi_0(\eta)=\pi^{-\frac{1}{4}}\mathrm{e}^{\mathrm{i}\omega_0\eta}\mathrm{e}^{-\frac{\eta^2}{2}} \tag{5-14}$$

其中，ω_0为波的量纲一波数。小波的一个必要条件是可容许条件，即对于可积函数，其平均值应为0。对于莫莱特小波函数，通过设置$\omega_0=6$可满足可容许条件。

为检验插值数据的精度，利用了归一化平均误差E_m^*，表示为

$$E_\mathrm{m}^*=\frac{1}{n_\mathrm{s}}\sum_{i=1}^{n_\mathrm{s}}\varepsilon_i\frac{1}{\bar{h}} \tag{5-15}$$

式中：n_s——采样点的个数；

$\varepsilon=h_\mathrm{m}-h_\mathrm{e}$，$h_\mathrm{m}$为测量深度，$h_\mathrm{e}$为估计深度；

$\bar{h}=E(h_\mathrm{m})$——采样点的平均测量深度。

随机选取河道中总点数的1%作为采样点，在深度插值过程中剔除这些点。插值后，将这些点的测量深度与插值得到的估计深度进行比较。这个过程(随机选点)重复了数百次，直到E_m^*几乎没有变化。表5-4显示了1970年、1992年、2003年和2008年数字高程模型的误差信息。归一化平均误差约为0.01的量级。

表5-4 1970年、1992年、2003年和2008年数字高程模型的误差信息

年份	点数	E_m^*
1970	31 619	-5.0×10^{-2}
1992	49 038	-3.6×10^{-2}
2003	28 890	-4.5×10^{-2}
2008	113 125	-2.8×10^{-2}

深度插值是在曲线正交坐标系(s,n)中进行的,为考虑河流水深的各向异性特性,其中沿航道方向的 s 坐标除以因子 $\alpha=3$。对不同的 α 值也进行了分析,包括 1(各向同性)、2 和 5。结果显示,当 α 从 1 增加到 3 时,归一化平均误差减少了约 15%~40%(2008 年除外),而 α 的进一步增加并没有引起误差的显著减少。

5.1.3 感潮河段地貌演变概化数学模型

为探索感潮河段长期地貌动力演变,本研究团队对感潮河段几何形态进行了简化,利用 Delft 3D 模型动力地貌模块进行模拟。采用一维模型设置,其中忽略了河道曲率,考虑固定的河岸并假设河道横截面为矩形(Guo et al.,2014; Nicholls et al.,2010; Todeschini et al.,2008)。采用固定河岸是基于以下假设,即在底床较软而河岸较硬情形下,河道宽度变化的时间尺度通常远大于河床高程变化的时间尺度。图 5-8 显示了理想化河口的示意图。河道的宽度假定为距上游端点的距离 x 的指数函数,表示为

$$B=B_1+(B_2-B_1)\exp\left(-\frac{L-x}{L_c}\right) \tag{5-16}$$

式中:B_1,B_2——上游端和下游端宽度;

L——河道总长度;

L_c——河道收敛长度。根据当前长江口的几何形状,$B_1=3\ \text{km}$,$B_2=25\ \text{km}$,$L=560\ \text{km}$,$L_c=75\ \text{km}$。

拟合宽度显示在图 5-8 中。

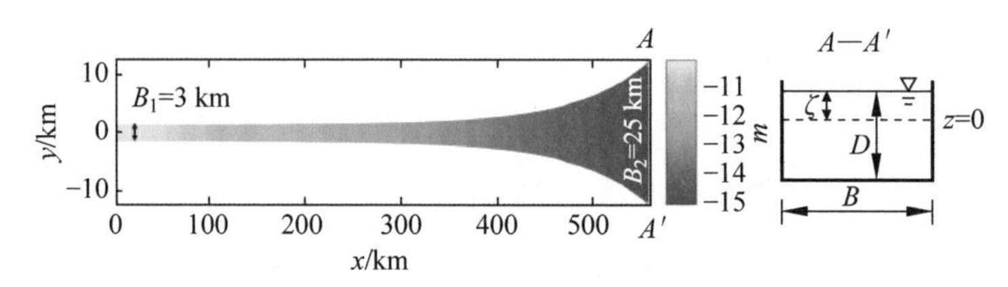

图 5-8 理想河口概化说明图

注:左图为俯视图,右图为截面 $A—A'$的侧视图。河道总长度为 560 km,在向海方向,宽度从 3 km 增加到 25 km,初始地形从−10 m 减小到−15 m。

本研究采用了 Delft 3D 模型,对水流利用浅水方程进行求解,对地形演变利用艾克纳方程(Exner equation)通过计算总输沙通量的梯度进行求解(Lesser et al.,2004)。为了加速地形变化,在更新底床地形时,在每一个水动力时间步长上乘上了一个地形加速因子 MF,从而扩展了地形演变的时间步长。该方法已在 Roelvink(2006)的研究中进行了讨论,并被广泛应用于河口的长期地形演变(Guo et al.,2014)。Lanzoni 等(2002)的研究表明,在主导阶数上,总的泥沙通量可以用基于局部瞬时水流条件的公式计算。因此,总输沙公式(Engelund et al.,1967)被

用来计算泥沙单宽体积流量 q_s，其表达式为

$$q_s = \frac{0.05u^5}{\sqrt{g}C^3(s-1)^2 d} \tag{5-17}$$

式中：u——速度，m/s；

g——重力加速度，$g=9.81\ \mathrm{m/s^2}$；

C——谢才系数，与 Guo 等(2014)的研究一样，$C=60\sqrt{\mathrm{m}}/\mathrm{s}$；

s——密度比，$s=\rho_s/\rho=2.65$，其中，ρ_s 为沉积物密度，ρ 为水密度；

d——泥沙特征粒径，mm。

上述输沙公式被广泛用于河口长期地貌动力学的研究(Canestrelli et al.，2014，Nicholls et al.，2010；van der Wegen et al.，2008；Van Maanen et al.，2013)。

在现实中，长时间尺度上由于背景条件的变化，河口可能处于准平衡状态，而非绝对的平衡状态，如长江口(Guo et al.，2014)。泥沙供给减少的时间尺度(10年)比长期河口地貌动力要小得多。因此，可以假设在泥沙供给大幅度减少之前，河口处于平衡状态。该平衡状态之前，全场的初始水位设置为 0，由陆向海方向，初始地形由－10 m 线性减小为－15 m(见图 5-8)。Canestrelli 等(2014)的研究表明，定常来沙和不考虑海平面上升条件下的一维平衡态地形对初始地形并不敏感。

边界条件的设定大致基于长江口。向海边界设置在河口，不考虑相邻的海岸带(见图 5-8)。在向海边界处，给定振幅为 1.2 m(Zhang et al.，2018)、周期为 12 h 的半日潮，泥沙浓度由当地水流决定(零梯度)。该条件意味着在外海输入河口的泥沙通量是无限的，且与水流处于平衡状态。

在向陆边界，采用恒定的径流量，并给定含沙量，取值方式依据长江口来沙条件。根据水利部长江水利委员会的数据，长江口潮区界大通站的年均来沙浓度由 1960—1990 年间的 0.5 $\mathrm{kg/m^3}$ 降至三峡大坝蓄水(2003 年)前的 0.25 $\mathrm{kg/m^3}$，之后在大坝运行后的 2003—2016 年期间降到 0.15 $\mathrm{kg/m^3}$。表 5-5 显示了大通站处长期的平均悬沙泥沙粒径分布(Yang et al.，2003；Shen et al. 2011)。近几十年来，大通站泥沙粒径不小于 0.1 mm 的来沙量约占总来沙量的 20%。为简便起见，假设大通站粒径为 0.1 mm 的含沙量为总含沙量的 20%。

表 5-5　长江口潮区界大通站多年平均悬沙泥沙粒径分布

1958—2000 年(Yang et al.，2003)		1959—1996 年(沈焕庭 等，2011)	
粒径/mm	累积频率/%	粒径/mm	累积频率/%
0.004	8		
0.008	18	0.007	16.4
0.016	33	0.01	26.4
0.031	55.5	0.025	47.9
0.063	79.5	0.05	72.7

续表

1958—2000 年(Yang et al.,2003)		1959—1996 年(沈焕庭 等,2011)	
粒径/mm	累积频率/%	粒径/mm	累积频率/%
0.125	97	0.1	94.9
0.25	99.5	0.25	99.4
0.5	100	0.5	100

向陆边界处的河床地形可以根据当地的水流和泥沙通量条件发生改变。此外,长江下游河床底部沙砾层以上的砂层厚度为几十米(朱鉴远,2000),故可假定河道砂层厚度为无限厚。根据 2000—2003 年长江下游 600 km 河道河床底质的实测平均粒径(Luo et al.,2012),选取泥沙粒径为 0.1 mm。较细的泥沙被认为是冲泻质运输的,不影响河床的形态。不过实际情形下,细颗粒泥沙会在河口附近发生沉积。

相关系数 CC(Zhang et al.,2018)和相对平均绝对误差 RMAE(Sutherland et al.,2004)被用来评价模型结果的好坏,分别表示为

$$CC = \frac{1}{N}\sum_{i=1}^{N}(M_i - \mu_i)(V_i - \mu_i)/(\sigma_M \sigma_V) \tag{5-18}$$

$$RMAE = \sum_{i=1}^{N}(|M_i - V_i|)/\sum_{i=1}^{N}(|V_i|) \tag{5-19}$$

式中:M,V——模拟结果和用于验证的结果;

N——样本的数量;

μ,σ——平均值和标准差;

CC——M 和 V 之间的线性关系,|CC|越大,相关性越高。

根据 RMAE,可以将模型性能分为优秀(<0.2)、良好(0.2~0.4)、合理(0.4~0.7)、较差(0.7~1.0)和差(>1.0)(Sutherland et al.,2004)。无潮汐时平衡态的解析解用于验证理想化设置下的模拟结果。在使用更实际的边界条件和几何形状时,利用观测数据对模拟结果进行评估。

表 5-6 给出了数值实验的设置。为了检验来沙量减少对河口地形的影响,首先采用 0.1 kg/m^3 的初始来沙浓度 c_{s0}(Exp.0),计算河口的平衡态。该实验代表泥沙供给相对恒定的阶段。在模拟过程中,计算了(去除平均值)河床地形的均方根 z_{rms},如果相邻潮汐周期之间 z_{rms} 的差值小于前一个周期的 z_{rms} 乘以 10^{-6},则认为达到了平衡。接下来,基于 Exp.0 的平衡底床地形,实验 1(Exp.1)利用较小的泥沙浓度 c_{s1} 进行模拟,采用的泥沙浓度值与 Exp.0 相比,泥沙浓度 c_s 下降了 50%~90%。在这里,地貌的调整总是指相对于初始平衡态下的底床地形。在实验 2(Exp.2)中,除了减少泥沙浓度外(0.05 kg/m^3),还考虑了不同的海平面上升速率,这些速率在自末次冰期最盛期(约 20000 年前)以来的海平面上升速率范围,

末次冰期最盛期的海平面比当前值低约(125±5) m。这些长期的模拟可以理解为过去或未来可能出现的情况。

表 5-6　模型设置：初始地形 z_0、泥沙浓度 c_s、海平面上升速率 R、半日潮幅值 A_2、河流径流量 Q_0、泥沙粒径 d 和输沙公式 f_{q_s}

Exp.	z_0	c_s/(kg/m^3)	R/(mm/a)	A_2/m	Q_0/($\times10^3$ m^3/s)	d/mm	f_{q_s}
0	Const.	0.1	0	1.2	30	0.1	EH
1	Exp. 0	0.01～0.05	0	1.2	30	0.1	EH
2	Exp. 0	0.05	1,2,3,5	1.2	30	0.1	EH
3	Const.	0.1	0	0.6,0.9,1.5	30	0.1	EH
4	Exp. 3	0.05	0	0.6,0.9,1.5	30	0.1	EH
5	Const.	0.1	0	1.2	15,20,40,45	0.1	EH
6	Exp. 5	0.05	0	1.2	15,20,40,45	0.1	EH
7	Const.	0.1	0	1.2	30	0.15,0.2	EH
8	Exp. 7	0.05	0	1.2	30	0.15,0.2	EH
9	Const.	0.1	0	1.2	30	0.1	vR93,vR84
10	Exp. 9	0.05	0	1.2	30	0.1	vR93,vR84

注：对初始地形 z_0 栏，“Const”表示底坡为常数，地形从最上游的−10 m 线性减小到河口处的−15 m，实验编号表示该编号实验中的平衡态地形被用作初始地形。潮汐幅值 A 的下标表示潮汐的频率(次/d)。输沙公式栏中的“EH”“vR93”“vR84”分别对应 Engelund 等(1967)，van Rijn(1993)和 van Rijn(1984a,1984b,1984c)中的公式。

地貌动力是由可侵蚀的底床与水流的相互作用决定的，这里分析了模型结果对水流条件和泥沙输移的敏感性。具体考虑了潮汐振幅、河流径流量、泥沙粒径和输沙公式。这些敏感性分析实验的设置见表 5-6。实验 3 和实验 4 以及表 5-6 中分别考虑了一系列的半日潮振幅 A_2(0.6～1.5 m)和径流量 Q_0(15 000～45 000 m^3/s)。在实验 7 和实验 8 中使用了不同的泥沙粒径；在实验 9 和实验 10 中采用了 van Rijn(1993)和 van Rijn(1984a,1984b,1984c)中的输沙公式对悬移质和推移质分别进行计算。van Rijn(1993)中的公式不需要进一步的参数输入。对于 van Rijn(1984a,1984b,1984c)中的公式，参考高度设为 0.01 m(van Rijn et al.,2003)，泥沙沉降速度按 van Rijn(1993)中的公式计算。

所有实验中，将模型域离散为 400 个网格，每个网格长度约 1400 m，时间步长设置为 4 min。对于模型结果本研究团队对地形加速因子 MF 的敏感性进行了分析，选用了实验 0(MF＝10～400)和实验 5(45 000 m^3/s,MF＝1～400)。与使用最小加速度因子的情形相比，平衡底床地形基本相同，相对平均绝对误差均小于 0.01。因此，其余实验均选择 MF＝400，等效的地貌动力时间步长为 1600 min。

无潮条件下河道地形平衡态：对于一维问题，采用一维圣维南方程描述水流，即

$$\frac{\partial A}{\partial t}+\frac{\partial Q}{\partial x}=0 \tag{5-20}$$

$$\frac{\partial Q}{\partial t}+\frac{\partial}{\partial x}\left(\frac{Q^2}{A}\right)=-gA\frac{\partial \zeta}{\partial x}-g\frac{|Q|Q}{ADC^2} \tag{5-21}$$

式中：t——时间；

x——沿程的距离；

A——河道横截面面积，对横截面为矩形的河道，$A=DB$，其中 B 和 D 分别为水面宽度和水深；

Q——总的水流量，$Q=uA$，其中 u 是沿程的流速；

ζ——水位；

g——重力加速度；

C——谢才系数。

地形演变用艾克纳方程进行描述：

$$(1-p)B\frac{\partial z_b}{\partial t}+\frac{\partial (Bq_s)}{\partial x}=0 \tag{5-22}$$

式中：p——孔隙率；

z_b——底床地形；

Bq_s——河道横截面体积泥沙通量，m^3/s，$Bq_s=Q_s$。

在恒定的径流量 Q_0 和泥沙通量 Q_{s0} 及无潮条件下，平衡态解析解推导如下。平衡态下的控制方程表示为

$$\frac{\partial Q}{\partial x}=0 \tag{5-23}$$

$$\frac{\partial}{\partial x}\left(\frac{Q^2}{A}\right)=-gA\frac{\partial \zeta}{\partial x}-g\frac{|Q|Q}{ADC^2} \tag{5-24}$$

$$\frac{\partial Q_s}{\partial x}=0 \tag{5-25}$$

因此 $Q(x)=Q_0$，$Q_s(x)=Q_{s0}$。运用输沙公式及 $Q_s(x)=Q_{s0}=Bq_s$，流速可表示为

$$u=\left(\frac{20\sqrt{g}C^3r_s^2dQ_{s0}}{B}\right)^{1/5} \tag{5-26}$$

由 $Q(x)=Q_0=uA=uBD$ 可得

$$A=Q_0\left(\frac{20\sqrt{g}C^3r_s^2dQ_{s0}}{B}\right)^{-1/5},\quad D=Q_0(20\sqrt{g}C^3r_s^2dQ_{s0}B^4)^{-1/5} \tag{5-27}$$

由于 A,Q,D 已知，最终底床地形通过 $z_b=\zeta-D$ 计算。

对模型进行验证的结果如图 5-9 所示。

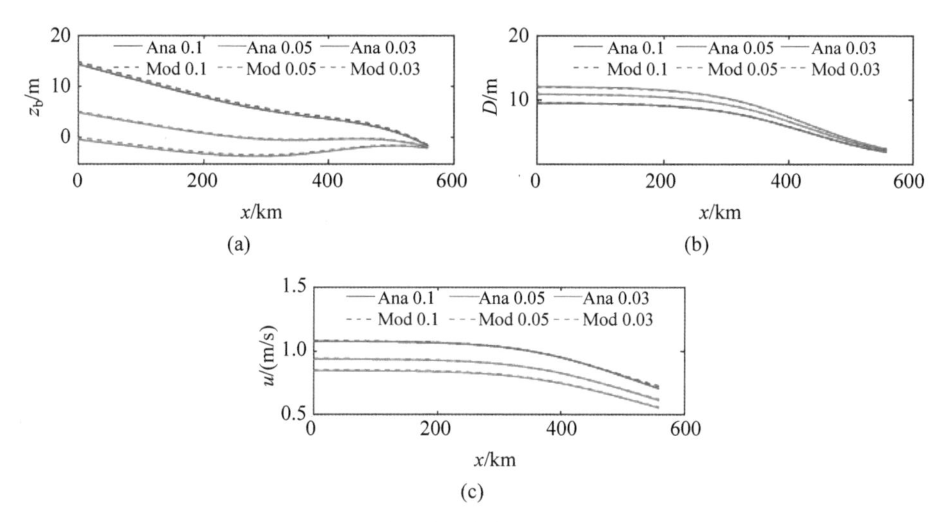

图 5-9 模型计算与解析解结果对比

注：无潮条件下($A_2=0$)不同泥沙浓度值 c_s(0.03～0.1 kg/m^3)对应的解析解与数值模拟结果的比较，其余设置见 Exp. 0。图例中，“Ana”和“Mod”分别代表解析和模拟的结果，数值表示 c_s 的值(单位 kg/m^3)。

图 5-9 显示了无潮条件下一系列含沙量下数值模拟的平衡态与解析解之间的比较，可见两者十分接近。对于所有情况，底床地形 z_b、水深 D 和流速 u 的相关系数 CC 都大于 0.99，水深和流速的相对平均绝对误差小于 0.01，地形的相对平均绝对误差小于 0.13。

5.2 感潮河段年内悬沙浓度分布对水库运行的响应

本节首先基于长江感潮河段泥沙数值模型(见 5.1.1 节)分析了河段年内悬沙浓度随潮变化的多种模式；继而基于潮区界大通站的实测水沙数据分析了建坝前后的水沙特征，并基于此总结了水沙组合特征的变换；最后选择特征水沙组合情形分析了水库运行前后感潮河段悬沙的变化特征。

5.2.1 感潮河段年内悬沙浓度随潮变化分析

潮流、潮汐是长江感潮河段主要的动力因子之一。在枯季，向岸方向的涨潮流可以上溯到感潮河段距离口门 400 km 以上的位置，潮波可以上溯到河口潮区界。受潮流作用影响，感潮河段的悬沙浓度也会经历随潮周期性变化过程。但是，由于在沿程河段不同位置处径流和潮汐的相互作用及局部泥沙条件的区别，因此悬沙浓度随潮的周期性变化也存在不同模式。同时，随着径流来流的季节性改变，悬沙浓度随潮变化过程也存在一定的季节性变化。

图 5-10 展示了 2005 年枯季感潮河段较上游处的芜湖站(493 km)和下游处的福左站(193 km)悬沙浓度的变化过程模拟结果(站点位置见图 5-4)。从图 5-10(a)可以看出,虽然距离口门处有 500 km 远,但是芜湖站的流速仍然呈现出明显的涨落潮变化,这是因为,枯季 M_2 和 S_2 的半日分潮传播至该处时仍有接近 0.4 m 的振幅。与之相对应的是,悬沙浓度也存在着涨落的周期性变化。从图 5-10(b)可知,在芜湖站,悬沙浓度变化与落潮流大小变化基本同步对应,并且在 1 个潮周期内存在单峰结构。其中,悬沙浓度的最低值(t_{2b} 和 t_{6b} 时刻)滞后于落潮流速的最小值(t_{1b} 和 t_{5b} 时刻)。这种滞后(如 t_{1b} 时刻到 t_{2b} 时刻,约 3 h)反映了在河口细颗粒泥沙运动中存在的"冲刷迟滞"效应,具体表现从憩流时刻开始,虽然流速在增加,但是在流速增加到床面冲刷所需的临界流速之前,床面泥沙并不起悬,水体悬沙浓度继续保持下降趋势,直至临界流速时水体悬沙浓度才达到最低值。因此形成了悬沙浓度最低值出现的时刻滞后于憩流时刻。而在 1 个潮周期内,悬沙浓度的峰值(t_{4b} 时刻)同样滞后对应于落潮流速的峰值(t_{3b} 时刻),滞后时间约 3 h。这反映了另一种迟滞效应——沉降迟滞,其原因是从流速峰值时刻开始,在流速降低到悬沙沉降所需的止动流速之前,床面泥沙继续冲刷从而使得水体悬沙浓度保持增加趋势,直至止动流速时悬沙浓度才达到峰值。对于河口往复流作用下普遍存在的悬沙运动的迟滞效应,也有前人针对英国亨伯(Humber)河口进行了分析和说明(Perillo,1995)。

从图 5-10(c)可知,在福左站,悬沙浓度的变化与流速大小的变化仍然对应,但是 1 个潮周期内可以存在双峰的悬沙浓度高值,并且分别有所迟滞地对应于流速落急和涨急时刻。具体而言,从涨憩时刻 t_{1c} 到落急时刻 t_{3c},随着落潮流流速的增大,悬沙浓度受冲刷迟滞效应影响,先减少后增加;从落急时刻 t_{3c} 到落憩时刻 t_{5c},随着落潮流的流速减小,悬沙浓度受沉降迟滞效应影响,先增加后减小,在 t_{4c} 时刻达到第 1 个峰值;从落憩时刻 t_{5c} 到下一个涨憩时刻 t_{7c},悬沙浓度在涨急时刻 t_{6c} 附近达到 1 个潮周期内的第 2 个峰值。从图中可以看出,落潮流期间对应的悬沙峰值比涨潮流更大。

图 5-11 给出了 2005 年枯季感潮河段徐六泾站和横沙站悬沙浓度随潮变化的模拟结果。可以看到,对于口门处的横沙站(图 5-11(c)),在 1 个潮周期内(从 $t_{1c'}$ 时刻到 $t_{3c'}$ 时刻),悬沙浓度与流速大小变化的过程并不对应,悬沙浓度只在涨急时刻($t_{2c'}$ 时刻)附近存在一个峰值,而在整个落潮期间悬沙浓度持续下降。这可能是因为在口门处,涨潮时来自外海最大浑浊带的高含沙水流进入口门,在涨急时刻附近出现悬沙浓度的峰值;而落潮时,来自上游的低悬沙浓度水流流出口门。因此,悬沙浓度持续降低。

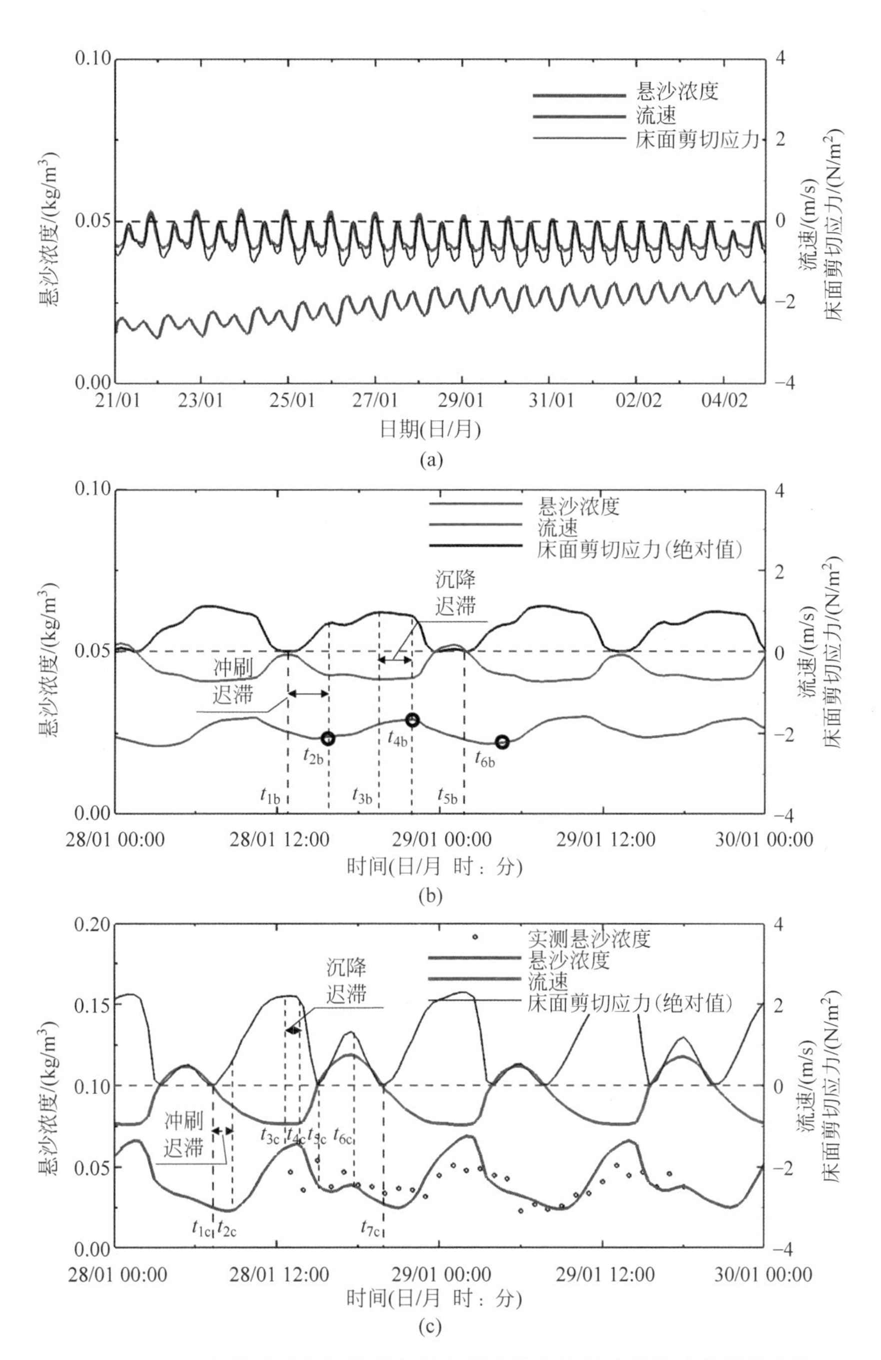

图 5-10　2005 年枯季感潮河段芜湖站和福左站悬沙浓度随潮变化模拟结果

(a) 芜湖站半月变化；(b) 芜湖站日变化；(c) 福左站日变化

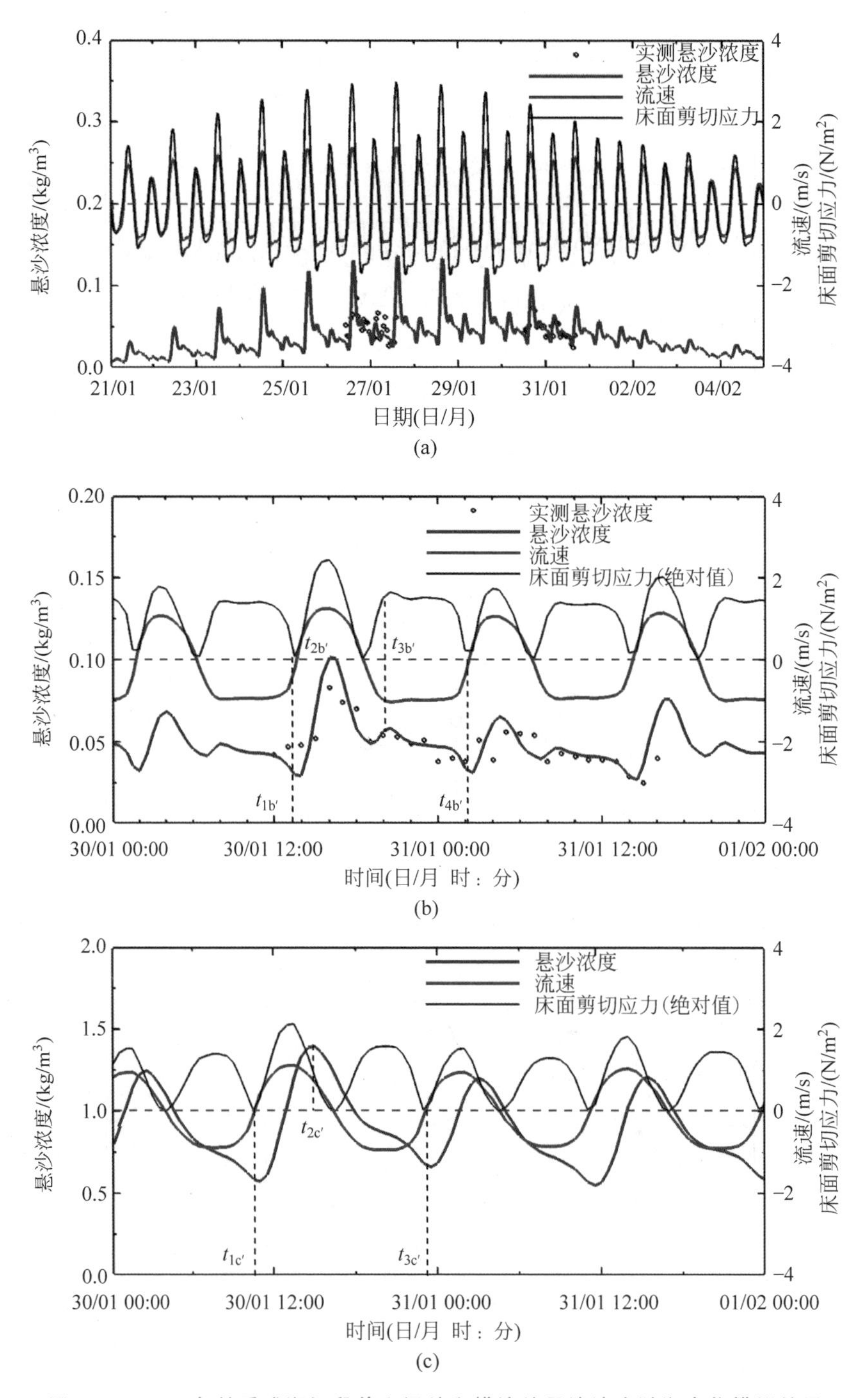

图 5-11　2005 年枯季感潮河段徐六泾站和横沙站悬沙浓度随潮变化模拟结果

(a) 徐六泾站半月变化；(b) 徐六泾站日变化；(c) 横沙站日变化

整体上看，在枯季从大通站到徐六泾站的感潮河段内，悬沙浓度随潮的周期性变化与流速周期性变化基本一致。从上游到下游，在 1 个潮周期内，悬沙浓度变化过程呈现出 4 种不同的峰值分布模式：①落潮流引起悬沙浓度单峰结构；②涨潮流和落潮流引起悬沙浓度双峰结构且落潮流对应峰值更大；③涨潮流和落潮流引起悬沙浓度双峰结构且涨潮流对应悬沙峰值更大；④涨潮流引起悬沙浓度单峰结构。由于存在着冲刷和沉降的迟滞效应，悬沙浓度随流速大小变化的过程存在一定的相位差异。

与枯季相比，洪季潮波和潮流上溯的距离较短。比较洪季大潮（图 5-12(a)从 t_{1a} 时刻到 t_{2a} 时刻）和枯季大潮期间福左站的悬沙浓度，可以发现与枯季不同的是，洪季 1 个潮周期内的悬沙浓度过程最多只在落潮时存在一个峰值。这是因为，此时径流相对潮流的作用更强，因此上溯的涨潮流相对较弱，不足以引起床面悬沙的进一步起悬，从而增加水体悬沙的浓度。在洪季徐六泾站（图 5-12(b)），在 1 个

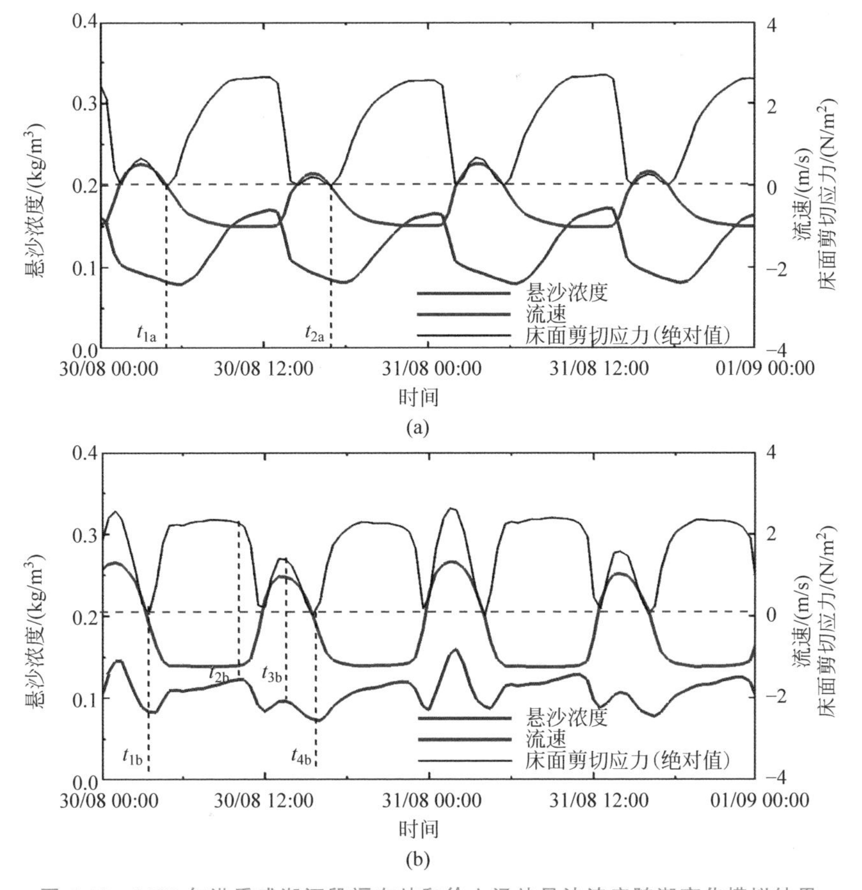

图 5-12　2005 年洪季感潮河段福左站和徐六泾站悬沙浓度随潮变化模拟结果

(a) 福左站(183 km)；(b) 徐六泾站(102 km)

潮周期内从 t_{1b} 时刻到 t_{4b} 时刻，落潮期间(t_{2b} 时刻)和涨潮期间(t_{3b} 时刻)对应的悬沙浓度峰值比较接近。

5.2.2 水库运行前后大通站入海水沙条件变化情况

大通站的水沙情况反映了感潮河段上游的来水来沙情况。本研究利用1985—2018年大通站的日均实测流量和悬沙浓度数据进行分析。图5-13(a)给出了水库运行前后的3个阶段(1985—2002年、2003—2012年、2013—2018年)大通站多年月平均流量的年内分布情况。可以看出，2003年三峡水库蓄水后，在枯水期的12月份、1月份和2月份的流量有所增加，这与水库枯季向下游补水有关；而在水库蓄水期的9月份和10月份，月流量有明显降低，其中9月份的月流量从1985—2002年的平均值40 340 m^3/s 减小至2013—2018年的30 460 m^3/s，降低约25%。对于汛期6月份和7月份的流量，2003—2012年较1985—2002年的月流量有一定的降低，但是到了2013—2018年流量又有所增加，这主要是因为2003—2012年中存在特枯水年2006年和2011年(张俊 等，2019)。

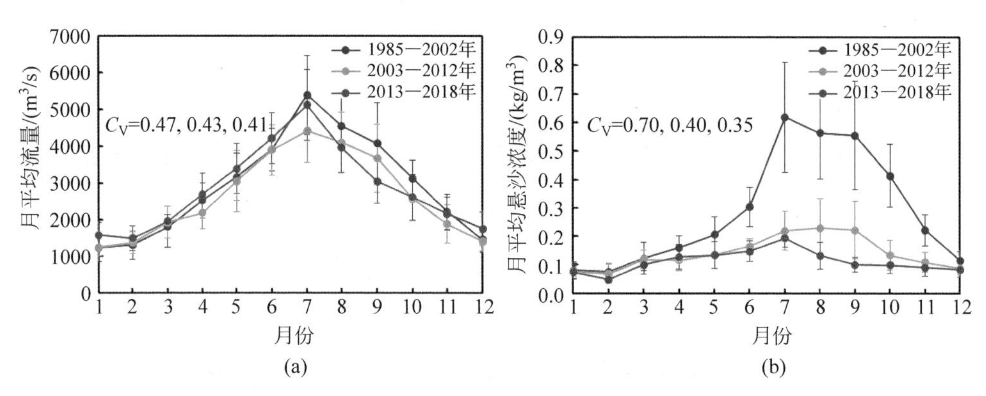

图5-13 不同阶段大通站各月平均流量和悬沙浓度年内分布

(a) 流量的年内分布；(b) 悬沙浓度的年内分布

注：图中细线代表统计时段内月平均流量和悬沙浓度的均值偏离1倍样本标准差的误差线。

比较各阶段全年各月流量的差异程度，可以发现大通站径流在全年的分配存在着均化的趋势。可以使用变差系数(coeffieient of variation，CV)C_V 衡量年内月流量分配的不均匀程度，$C_V=\sigma_q/\overline{q}$，其中 σ_q 表示各月流量标准差，$\overline{q}$ 表示各月流量平均值(陆建宇 等，2015)。全年的变差系数从三峡水库蓄水运行前的0.47降低到蓄水运行后的0.43，再降低到梯级水库运行后的0.41。这种径流在全年分配的均化体现了上游大型水库对流量过程的调节作用。

图5-13(b)显示，上游水库运行后大通站各月悬沙浓度均发生了不同程度的下降。7—9月份悬沙浓度下降的量值在全年中较大，其中7月份的悬沙浓度从

1985—2002 年的平均值 0.619 kg/m^3 降低至 2013—2018 年的 0.194 kg/m^3，降幅约 69%。伴随着各月悬沙浓度的下降，悬沙浓度在全年的分布也呈现出一定的均化趋势，全年的变差系数从 1985—2002 年期间的 0.7 下降至 2003—2012 年的 0.4，再进一步降低至 2013—2018 年的 0.35。全年月平均悬沙浓度的均化主要是因为水库运行后引起了各月悬沙浓度下降，其中在洪季悬沙浓度的下降更加显著。

为了进一步分析上游水库运行前后各月流量和悬沙浓度的变化情况，利用大通站水沙组合的关系来综合分析来水来沙的变化。根据大通站月平均流量和月平均悬沙浓度的实测水文资料，统计月径流量和月悬沙浓度的频率分析曲线。按照累积频率 25%和 75%的界线分别划分出小水（小沙）、中水（中沙）和大水（大沙）的水文时期（蔺秋生 等，2008）。如图 5-14(a)所示，小水和中水水情的流量分界线为 15 660 m^3/s，中水和大水水情的流量分界线为 38 870 m^3/s。同理如图 5-14(b)所示，小沙、中沙和大沙的悬沙浓度分界线分别为 0.115 kg/m^3 和 0.442 kg/m^3。根

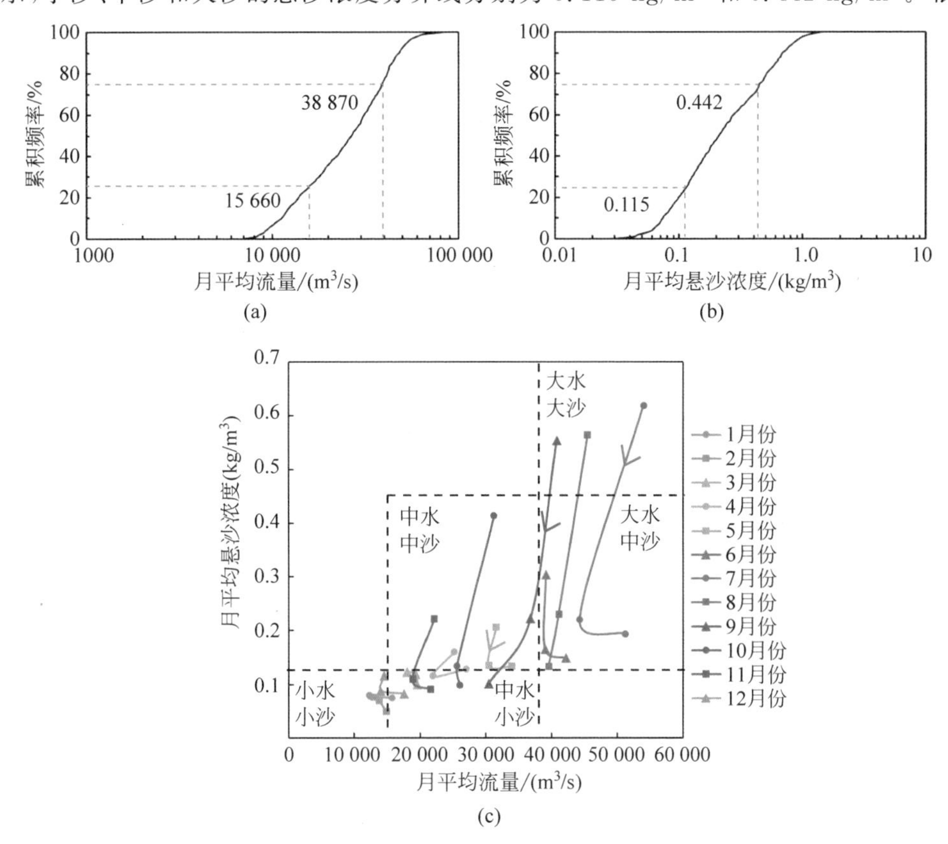

图 5-14　大通站月流量-悬沙浓度水沙组合关系变化趋势

(a) 月平均流量累积频率分布；(b) 月平均悬沙浓度累积频率分布；(c) 上游水库运行前后不同阶段各月均流量-悬沙浓度关系变化

据多年平均的月均流量和悬沙浓度，图 5-14(c)给出了 1985—2002 年、2003—2012 年和 2013—2018 年 3 个阶段大通站水沙组合的变化情况。

如图 5-14(c)所示，在不同的季节，水沙组合呈现出不同的变化趋势。在冬季(12 月份、1 月份和 2 月份)，上游水库运行前后大通站来水来沙均较小，均集中在小水小沙组合之内，月均流量略有增加，而悬沙浓度有所下降。在春季(3 月份、4 月份和 5 月份)，大通站的来水来沙基本集中在中水中沙的范围。在夏季(6 月份、7 月份和 8 月份)，水库运行前后的水沙组合发生了显著改变。在三峡水库运行前，7 月份和 8 月份的水沙组合均在大水大沙序列，三峡水库运行后，悬沙浓度迅速下降至中沙序列，其中 8 月份在 2013—2018 年间已接近小沙序列，而水量也已接近中水序列。在秋季(9 月份、10 月份和 11 月份)，也是水库运行的蓄水期，在三峡水库运行前，9 月份在大水大沙组合之中，而 10 月份和 11 月份在中水中沙组合之中。三峡水库运行后，悬沙浓度持续下降，这 3 个月均已下降至小沙序列，而 9 月份由于水库蓄水的作用，流量也下降至中水序列。

针对水库运行前后水沙组合发生变化的典型时间 2 月份、5 月份、7 月份和 9 月份，图 5-15 给出了对应的三峡水库运行前和梯级水库运行后两个阶段的大通站实测月均悬沙级配数据，数据来源于《中华人民共和国水文年鉴(2007—2016 年)》和韦立新等(2010)。由图中可知，三峡水库蓄水运行前，大通站洪季的粒径(7 月和 9 月份)比枯季(2 月份和 5 月份)略粗，到了 2013—2016 年，悬沙粒径均有一定程度的粗化，其中 7 月份和 5 月份的粒径粗化较为明显。

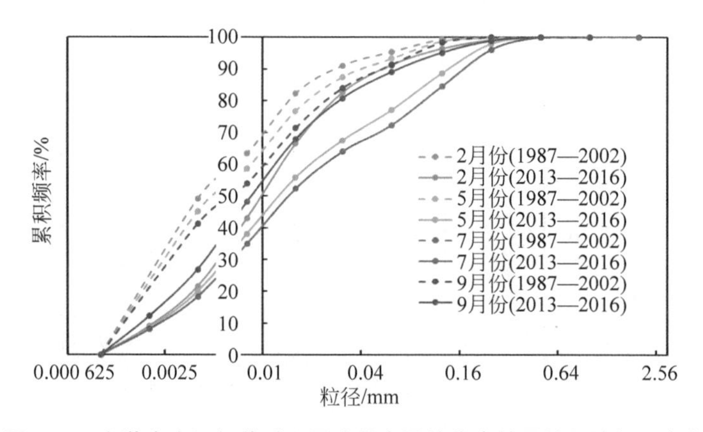

图 5-15 上游水库运行前后不同阶段大通站代表性月份悬沙级配变化

5.2.3 水库运行前后感潮河段悬沙浓度变化

针对三峡水库运行前的阶段(1985—2002 年)，本研究团队分别选取 2 月份、5 月份和 7 月份作为小水小沙、中水中沙和大水大沙的代表性月份进行了感潮河段悬沙浓度计算。外海的潮波条件相同，且包含完整的半月分潮变化。

由图 5-16(a)可知，对于小水小沙的枯季，感潮河段的悬沙浓度呈现出两端大、中间小的沿程分布，特别是大潮和中潮期间较为明显。枯季大通站入口悬沙浓度为 0.08 kg/m^3 时，口门附近大潮时平均悬沙浓度可达 0.35 kg/m^3，而感潮河段中部镇江站(距离口门 313 km 处)的悬沙浓度只有 0.02 kg/m^3。从上游到口门，悬沙浓度经历了先减小后增加的过程。具体来看，在大、中、小潮期间，悬沙浓度从入口沿程波动减小的趋势基本一致，而到了 250 km 往下游处，悬沙浓度沿程增加的过程随着外海潮波大小的变化也相应地发生改变，大潮时的平均悬沙浓度和变化振幅高于中潮，而小潮时在该河段的悬沙浓度维持在一个较低的水平，约为 0.01 kg/m^3。

如图 5-16(b)所示，在中水中沙来流条件下，感潮河段入口的悬沙浓度约为 0.21 kg/m^3。此时沿程悬沙浓度分布在大潮时仍然维持两端高、中间低的趋势，但是在中潮时悬沙浓度在镇江下游河段趋向平稳，到了小潮时呈现出沿程递减趋势。大潮时中部镇江站的悬沙浓度约为 0.11 kg/m^3。对于大水大沙的洪季，如图 5-16(c)所示，悬沙浓度则呈现出沿程递减的趋势。这种趋势在外海大、中、小潮时都存在。上游来沙浓度为 0.62 kg/m^3，口门处的大潮平均悬沙浓度为 0.25 kg/m^3，此时中部镇江站的悬沙浓度约为 0.37 kg/m^3。

整体上来看，从入口大通站到镇江站，在不同的上游来沙情况下，沿程的悬沙浓度均保持一定程度的降低，这种降低应与感潮河段水力纵比降沿程不断下降，较粗颗粒悬沙逐步落淤有关(屈贵贤，2014)。从镇江站到口门处，悬沙浓度的沿程变化与径流-潮流相互作用的相对强弱有关。在小水小沙时期，悬沙浓度在大潮和中潮沿程增加；在中水中沙时期，悬沙浓度只在大潮沿程增加；在大水大沙时期，悬沙浓度沿程始终减小。另外，就局部而言，悬沙浓度的变化还受局部河道平面形态、地形和床沙级配的影响，因此，在整体变化趋势之外，悬沙浓度也存在局部的波动变化。

针对三峡水库运行前(1985—2002 年)和上游梯级水库运行后(2013—2018)不同水沙组合下的大潮平均悬沙浓度沿程变化进行分析，结果如图 5-17 所示。

图 5-17 给出了上游梯级水库运行后(2013—2018 年)与三峡水库运行前(1985—2002 年)相比，代表性月份感潮河段大潮平均悬沙浓度的变化情况。如图 5-17(a)所示，2 月份大通站悬沙浓度降低，使得大通站到南京站(380 km)范围内的悬沙浓度降低。从南京站到徐六泾站(102 km)河段，悬沙浓度有所增加，最大增幅在镇江站附近，可达 10%。此河段悬沙浓度的增加是因为枯季在感潮河段中下游全日分潮和浅水分潮潮波振幅有所增加(Yu et al.，2020)，潮流作用的增强使得床面泥沙起悬的强度有所增加。如图 5-17(b)所示，梯级水库运行后 5 月份的悬沙浓度在整个感潮河段都呈现出下降的趋势。从相对降幅(悬沙浓度变化百分比)

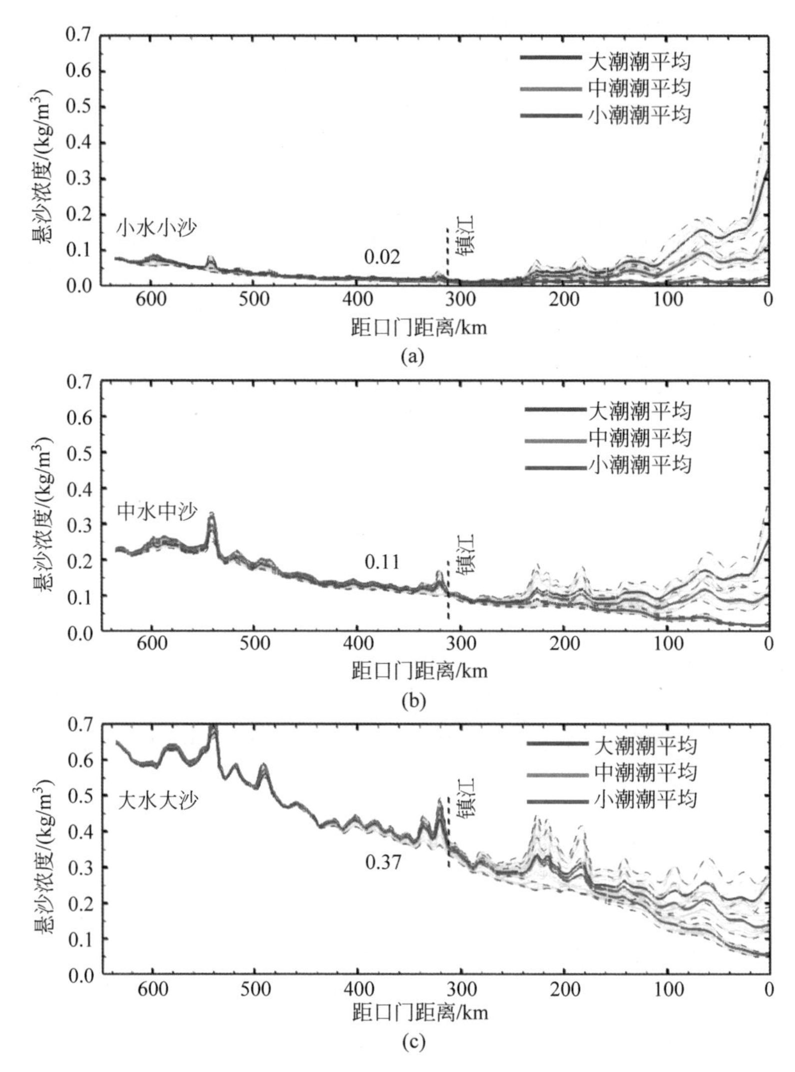

图 5-16　上游水库运行前典型水沙组合下悬沙浓度沿程变化过程

(a) 2 月份；(b) 5 月份；(c) 7 月份

注：图中红色实线、灰色实线和蓝色实线分别代表半个月内当外海潮波为大潮、中潮和小潮时 1 个潮周期内悬沙浓度的平均值，红色虚线、灰色虚线和蓝色虚线分别代表对应潮周内的悬沙浓度变化范围的上下包络线。

的沿程分布上看，从镇江站(313 km)往下游口门处，相对降幅沿程减缓，体现了在该河段内当地起悬的泥沙对水体悬沙浓度的影响向下游方向越来越大。如图 5-17(c)所示，在 7 月份，大通站的悬沙浓度出现大幅下降，但这种下降趋势沿程逐渐减弱。在 7 月份径流-潮汐的相互作用下，徐六泾站(102 km)在洪季的悬沙浓度变化过程一方面体现了径流来流的悬沙浓度变化，另一方面也与水动力过程控制的当地起

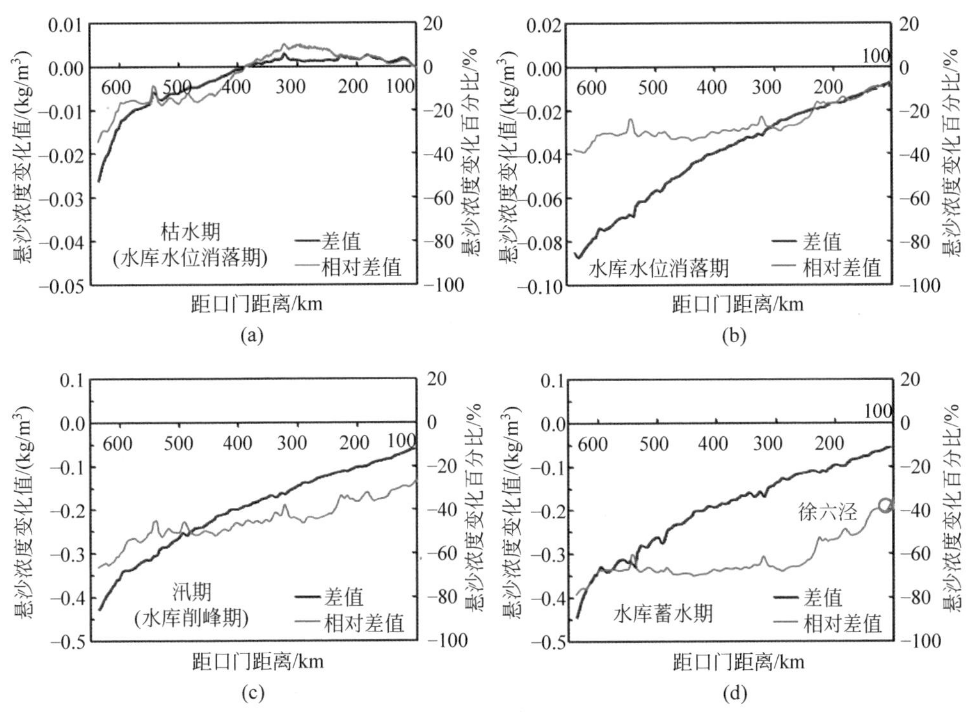

图 5-17 上游水库运行前后感潮河段大潮平均悬沙浓度变化

(a) 2 月份；(b) 5 月份；(c) 7 月份；(d) 9 月份

悬的泥沙浓度有关。如图 5-17(d)所示，对于水库蓄水后从大水大沙改变至中水小沙的 9 月份而言，大通站悬沙浓度的降幅高达 80%，为所有月份中悬沙浓度降幅最大的月份。此时从镇江站到口门处，悬沙浓度的变幅持续下降，徐六泾站的悬沙浓度降幅约为 40%，与实测的悬沙浓度降幅 50%相比(刘帅 等，2019)，量值稍小，但是降低趋势一致。

综上所述，三峡水库运行前和梯级水库运行后，河口来水来沙组合发生了显著变化。在水库削峰期，大通站来流条件由大水大沙转变为大水中沙；水库蓄水期，大通站来流条件由大水大沙转变为中水小沙。感潮河段上游来水来沙的改变引起悬沙浓度分布的显著变化。水库运行前后不同水沙组合下，汛期、水库蓄水期悬沙浓度全程降低，降低趋势在南京站下游有所减弱；枯季悬沙浓度在局部反而可能增加，这与当地全日分潮和浅水分潮潮波振幅增加相关。

5.3 感潮河段年代际泥沙收支平衡与地形演变

本节首先基于长江感潮河段数字高程模型(见 5.1.2 节)计算了河段 1970—2008 年间的泥沙收支平衡；继而利用小波变换分析了河段沿程冲淤速率的空间

变化特征，并利用数字高程模型分析了深泓线的时空变化；最后简要分析了长江感潮河段在上述时期地貌变化的可能原因，指出了对河道管理的意义和启示。

5.3.1 长江感潮河段年代际泥沙收支平衡计算

图 5-18 显示了 1970 年、1992 年、2003 年和 2008 年长江感潮河段(大通—江阴)数字高程模型的差值，同时对局部区域进行了放大，从而更详细地显示地形的变化。研究表明，在输入泥沙通量稳定期 1970—1992 年(时期Ⅰ)、输入泥沙通量下降期 1992—2003 年(时期Ⅱ)和 2003—2008 年(时期Ⅲ)，整个研究范围出现了交替沉积和侵蚀。根据数字高程模型的差值，估计了这些时期该区域的冲淤量变化。

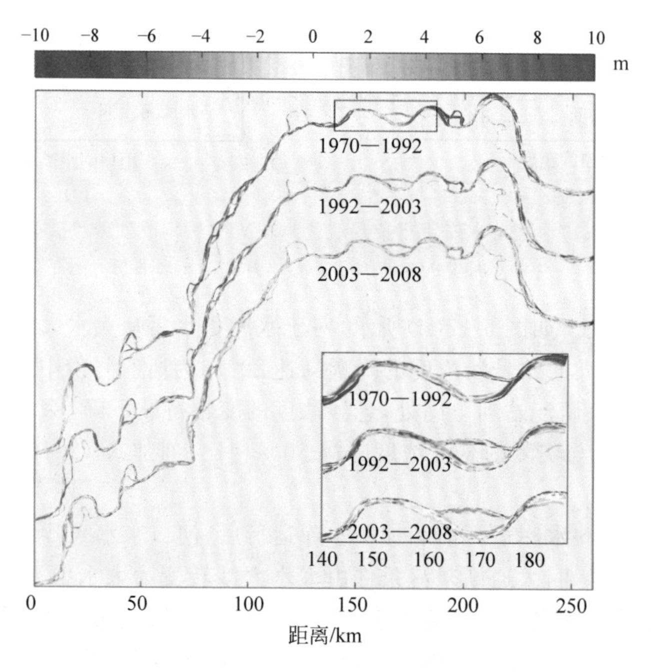

图 5-18 长江感潮河段(大通—江阴)年代际冲淤变化

注：图中对江苏河段的局部地形进行了放大。水平向与纵向比例尺一致。

表 5-7 列出了研究区域内时期Ⅰ、时期Ⅱ和时期Ⅲ的冲淤面积、冲淤量和冲淤速率。可以看出，在所有时期都发生了整体上的侵蚀。其中，时期Ⅱ的侵蚀速率最大(5.1 cm/a)。时期Ⅰ的沉积和侵蚀量几乎平衡，时期Ⅲ的侵蚀速率为 2.8 cm/a。在 1970—2008 年期间，净侵蚀量为 0.71 km^3，侵蚀速率为 1.8 cm/a。

表 5-7 长江感潮河段(大通—江阴)1970—2008 年间沉积和侵蚀的面积、体积及沉积速率

时期	面积/km²			体积/km³			沉积速率/(cm/a)
	汇总	沉积	侵蚀	净值	沉积	侵蚀	
Ⅰ(1970—1992)	1028.4	558.3	470.1	−0.02	2.33	−2.35	−0.1
Ⅱ(1992—2003)	969.0	419.2	549.8	−0.55	1.29	−1.84	−5.1
Ⅲ(2003—2008)	1013.9	452.7	561.1	−0.14	1.06	−1.20	−2.8
1970—2008	1065.0	486.0	578.9	−0.71	2.24	−2.95	−1.8

图 5-19 显示了 3 个时期内河段上游大通站的年平均输入泥沙通量、研究区域内底床年侵蚀量及其占下游江阴站年输沙量的百分比。利用干容重 1.3 t/m³ 估算了河段内底床侵蚀的质量。从时期Ⅰ到时期Ⅲ,大通站处年平均泥沙通量从 428 Mt/a 降至 158 Mt/a。与输入年泥沙通量的下降趋势不同的是,研究区域内年侵蚀量非单调变化,从时期Ⅰ到时期Ⅱ,年侵蚀量从约 1 Mt/a 增加到 65 Mt/a,然后在时期Ⅲ下降到 37 Mt/a。产生此变化的原因将在下节中讨论。对输入的年泥沙通量和河段的年侵蚀量进行累加,得到下游末端江阴处的年输沙量在 3 个时期内依次为 429,384,195 Mt/a。因此,在这 3 个时期,河段年侵蚀量对下游年输沙量的贡献分别约为 0.2%,16.9% 和 19.1%。

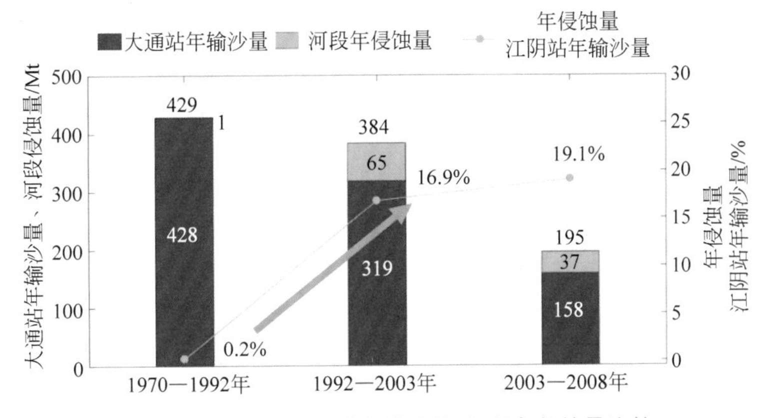

图 5-19 不同阶段河道年输沙量、河段年侵蚀量比较

所研究河段中底床的平均中值粒径约 0.1 mm(Luo et al.,2012),对应于干容重 1.2~1.4 t/m³(邵学军 等,2005)。使用不同的干容重 1.2 t/m³ 或 1.4 t/m³ 得到 3 个时期的侵蚀量减少或增加,即分别为(1±0.08) Mt/a,(65±5.0) Mt/a 和(37±2.9) Mt/a。由于大通输入泥沙量的质量一定,在这 3 个时期内,研究河段的年侵蚀量占下游江阴站年输沙量比例的不确定度依次为±0.02%,±1.1% 和±1.2%。

5.3.2 河道地貌年代际变化综合分析

图 5-20 显示了 1970—1992 年、1992—2003 年和 2003—2008 年期间研究区域内的沿程沉积速率。沿整个河段，沉积和侵蚀在短距离（几千米）内交替发生，局部冲淤速率可达 50 cm/a 以上。为了进一步量化冲淤速率的当地特征，首先将沿河道的冲淤速率插值到均匀分布的点（每隔 20 m），然后使用莫莱特小波对插值后的数据进行小波变换。

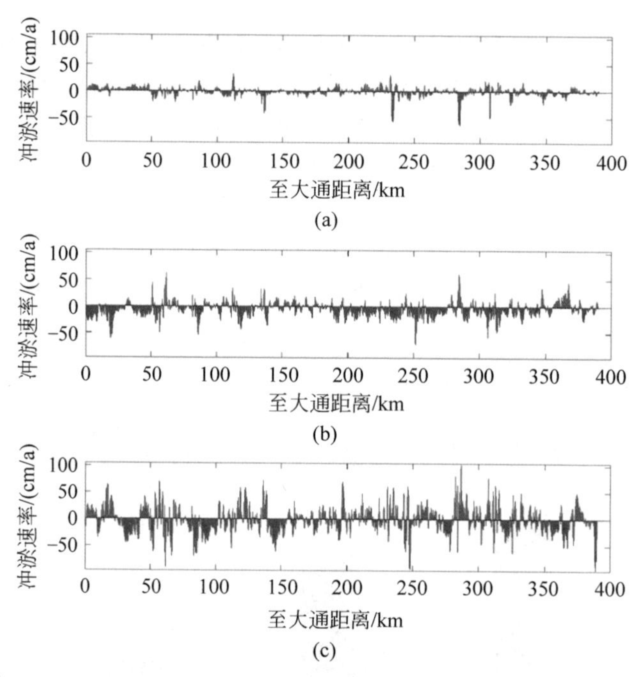

图 5-20 长江感潮河段（大通—江阴）沿程冲淤速率

(a) 1970—1992 年；(b) 1992—2003 年；(c) 2003—2008 年

图 5-21 显示了沿程冲淤速率的小波幅值尺度及其沿程平均。结果表明，不同时期中河道冲淤速率的小波幅值在沿程位置和空间尺度上都有差异。在 1970—1992 年，在距大通站约 240 km 附近观察到了相对较大的小波幅值，其波长约 4 km。在 1992—2003 年，主要的小波幅值的波长为 8 km，几乎发生在整个研究河段。在 2003—2008 年，主要的小波幅值波长约 4 km 和 24 km，前者沿着河道间断性分布，后者主要分布在河道的上游和下游。从沿程冲淤速率的平均幅值可以看出，在所有时期，主要冲淤速率都发生在 4～32 km 范围的空间尺度上。此外，在 2003—2008 年，沿程冲淤速率的平均幅值大于其他时期，但整个河段总的冲淤速率小于 1992—2003 年。

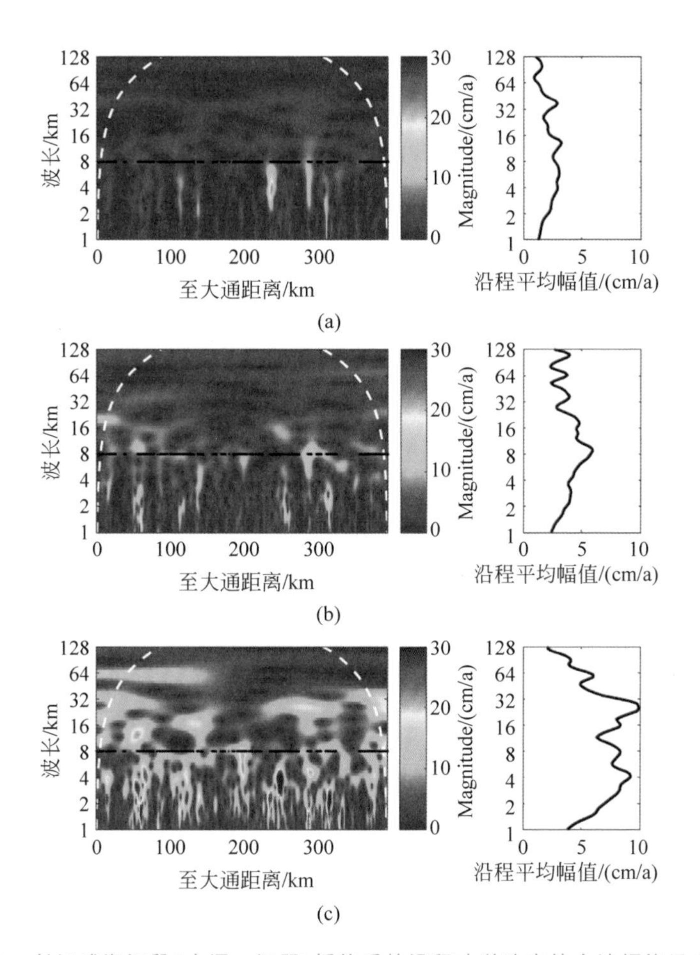

图 5-21　长江感潮河段（大通—江阴）插值后的沿程冲淤速率的小波幅值尺度（左）及其沿程平均（右）

(a) 1970—1992 年；(b) 1992—2003 年；(c) 2003—2008 年

注：在波长 8 km 处显示了河道中线，其中的间断区域处表示有河心沙洲。

图 5-22 显示了 1970 年、1992 年、2003 年和 2008 年研究区域内的深泓线高程，以及 1970—1992 年、1992—2003 年和 2003—2008 年间深泓线高程的变化率。在存在河心沙洲的情况下，深泓线高程以整个横截面上最低点的高程表示。与沿程冲淤速率相似，深泓线高程的变化相当复杂，即沉积和侵蚀在几千米内交替发生。一般而言，在 1970—1992 年和 1992—2003 年间，深泓线高程的变化率在±1 m/a 以内，而 2003—2008 年间，深泓线高程变化率的振荡较大，局部可达±2 m/a。

深泓线除了垂直方向的变化外，还会在水平方向上发生平移。图 5-23 显示了 1970—1992 年期间在研究区域内深泓线水平移动的情况。可以看出，在这些区

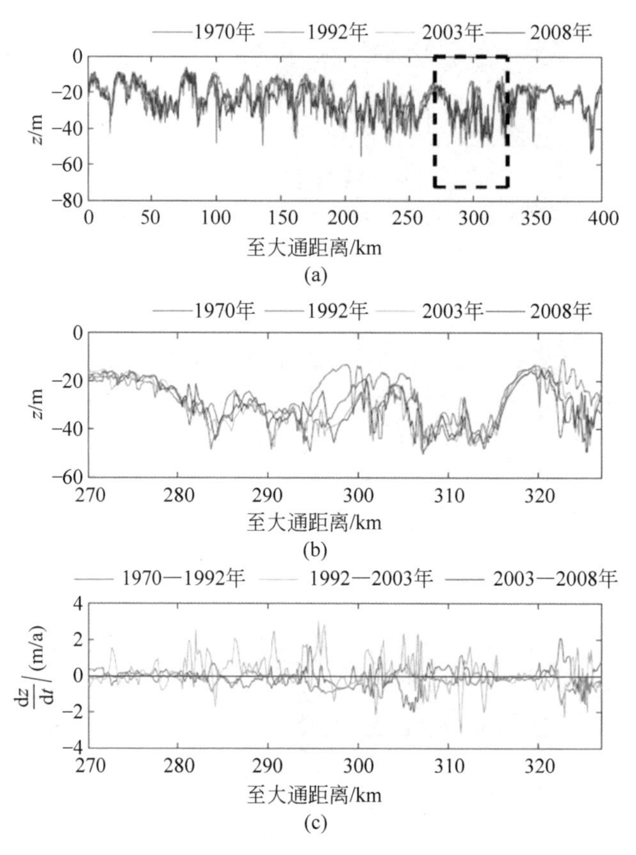

图 5-22 感潮河段深泓变化

(a) 长江感潮河段(大通—江阴)的深泓垂向位置；(b) 局部区域放大的深泓垂向位置；(c) 深泓垂向位置的变化率

域，深泓线在弯道附近向外侧移动。1992—2008 年间，深泓线在水平方向的移动距离相对较小。

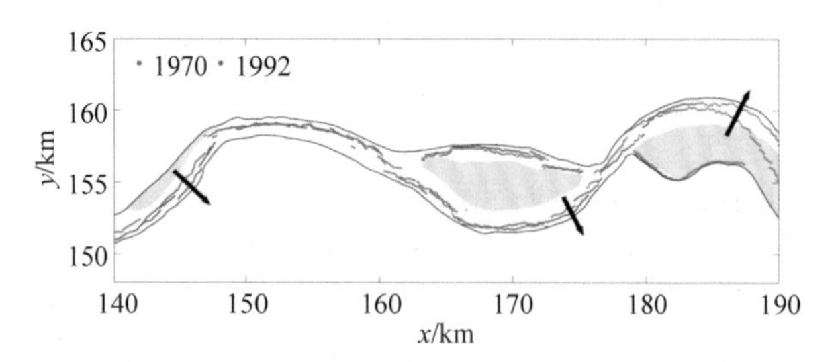

图 5-23 长江感潮河段(大通—江阴)深泓线平面位置

注：1970—1992 年间深泓线在水平面平移(箭头)的实例；实线为河岸线，阴影区域为 1992 年时的沙洲。

5.3.3　长江感潮河段年代际地貌变化原因分析

上述结果表明，在输入泥沙通量稳定期（时期Ⅰ），长江潮区界大通站与江阴站之间的感潮河段内，侵蚀和沉积几乎平衡。随后，在输入泥沙通量下降时期（时期Ⅱ和时期Ⅲ），该河段发生了大幅度的侵蚀。尽管从时期Ⅱ到时期Ⅲ，年侵蚀量减少了近50%（(65±5.0)Mt/a—(37±2.9) Mt/a），但年侵蚀量对下游泥沙通量的贡献从(16.9±1.1)% 提高到(19.1±1.2)%。这表明，随着潮区界处输入的年泥沙通量的减少，感潮河段的侵蚀量对下游输沙量的影响越来越大，在估计入海泥沙通量时，应考虑感潮河段的冲淤特性。

水流挟沙力与流速（与径流相关）的3～5次方成正比，并受到泥沙粒径的影响。潮区界大通站处年平均径流量先从时期Ⅰ的881 km^3/a增加到时期Ⅱ的955 km^3/a，然后减少到时期Ⅲ的815 km^3/a。时期Ⅱ中研究区域的大量侵蚀很可能是由上游年输沙量的减少和年径流量的增加而引起的。时期Ⅰ中的净侵蚀量很小，可以认为该河段处于平衡状态，即水流条件与上游输入的泥沙通量相匹配，河段内净冲淤接近0。由于从泥沙通量（1970—2008年间洪季5—10月间的输沙量占全年输沙量的88%，期间潮流界位于江阴附近）来看，所研究区域可以被看作是由河流主导，随着河流径流量的增加，河段内的泥沙通量相应增加。而上游输入的泥沙通量减少，使得河段底床被侵蚀，从而补充河段内的泥沙通量以趋于与流量相匹配。年输沙量的减少与人类活动干预强度的增加有关，如筑坝和水土保持（Yang et al.，2018）。时期Ⅰ和时期Ⅱ年径流量的增加与20世纪90年代频繁发生的流量大且持续时间长的洪水有关，特别是1998年和1999年的大洪水（Luan et al.，2016）。

时期Ⅱ与时期Ⅲ侵蚀的主要不同在于时期Ⅱ的净侵蚀量更大，而时期Ⅲ的沿程侵蚀速率的幅值较大。对时期Ⅱ到时期Ⅲ研究区域年侵蚀量的减少解释如下。

Luo等（2012年）指出，相比三峡大坝运行前（2000—2003年），三峡大坝运行后（2008年）长江下游悬沙的平均中值粒径增加，主要是由2003年三峡大坝开始运行引起的。大通站处悬沙的平均中值粒径从0.009 mm增加到0.013 mm，床沙的平均中值粒径从0.15 mm增加到0.17 mm。此处以悬移质为例来说明粒径的变化对挟沙力的影响。

悬沙输运率与泥沙沉速w_s成反比（Bagnold，1966），沉速可用下式计算：

$$w_s = \left[\left(13.95\frac{\nu}{D_{50}}\right)^2 + 1.09 r_s g D_{50}\right]^{\frac{1}{2}} - \frac{13.9\nu}{D_{50}} \tag{5-28}$$

式中：ν——水的运动黏性系数，m^2/s；

r_s——泥沙相对密度，$r_s=(\rho_s-\rho)/\rho$，其中ρ_s和ρ分别是泥沙和水的密度；

g——重力加速度。

取 $\nu=10^{-6}\ m^2/s$，$r_s=1.65$ 和 $g=9.81\ m/s^2$，三峡大坝运行后沉速增倍，表明水流携带悬沙的能力下降了约 50%。因此，时期Ⅱ到时期Ⅲ研究区域内侵蚀量的减少可能与泥沙中值粒径的增加和年径流量的减少有关。此外，三峡大坝的运行影响潮汐幅值(最大增幅到 0.1 m)(Zhang et al.，2018)和感潮河段内潮流极限的位置。侯成程(2013)提出的潮流极限的位置与河流流量之间的关系表明，当大通径流量为 52 500 m^3/s 时，对应的潮流极限位于江阴站附近。这意味着，当大通站的径流量大于 52 500 m^3/s 时，潮流就无法到达江阴站上游。从时期Ⅱ到时期Ⅲ，大通站处的径流量大于 52 500 m^3/s 的天数的累积频率从 12%下降到 2%，这表明，在三峡大坝运行后，潮流极限位于研究河段内的年均天数在增加。在受潮汐影响的河口，潮流极限是径流-潮汐混合区位置的一个指示参数，其间可能发生泥沙的积聚(Dalrymple et al.，2007)。因此，在潮流极限影响时间较长的情况下，例如三峡大坝运行后的时期，研究区域内的净侵蚀可能减弱。

研究区域内复杂的局部冲淤特性和深泓线变化与河道复杂的几何形状、地形及复杂的水流条件有关。在几何形状方面，对河道中线沿程曲率的小波分析表明，沿程曲率的平均小波幅值在波长 4～32 km 范围显著，与河道冲淤速率相似。在地形方面，利用皮尔逊相关系数 cc 量化了各时期的河道冲淤速率与深泓高程变化率之间的相关性。两个变量 X，Y 的相关系数为

$$cc=E[(X-\mu_X)(Y-\mu_Y)]/(\sigma_X\sigma_Y)$$

其中，E，μ，σ 分别是期望值、平均值和标准差。分析表明，这 3 个时期的沿程冲淤速率与深泓高程变化率的相关系数分别为 0.39、0.44 和 0.51。这表明，在每个时期，深泓高程变化与沿程冲淤之间存在一定关联。复杂的水流条件是由在河道复杂的几何形状和地形影响下，河流径流与潮汐在不同时间尺度(Guo et al.，2015)上的相互作用引起的。1992 年以前，深泓线在水平面上的移动很可能是河流弯道的自然演变(Knighton，1998)；1992—2008 年间，由于河道规划和筑堤等密集的人为干预，河岸发生固化(Zheng et al.，2018a)，进而会限制深泓线的水平移动。

采砂、港口工程等人为干预也会对感潮河段地貌演变产生影响，但这些方面存在较大的不确定性。长江中下游地区的砂矿开采始于 20 世纪 50 年代，20 世纪 80 年代达到相当规模，之后在 20 世纪 90 年代经历了大规模的非法开采，2002 年被禁止，2004 年开始实行规范开采(Chen et al.，2005；Wang et al.，2014)。在江苏河段(马鞍山—徐六泾，约 300 km 长)，2002—2009 年允许开采的泥沙总量约 0.136 km^3，而研究河段内的采砂量仅占约 5%，即 $6.95\times10^{-3}\ km^3$(徐殿洋 等，2010)。该值约为研究区域在时期Ⅲ中侵蚀体积的 5%(参见表 2-2)。因此，在这一时期，可以忽略非法采砂，采砂对河段侵蚀的影响较小，而在时期Ⅲ之前，由于可靠数据有限，难以估算采砂对河段侵蚀的影响。港口工程可能会固定河岸、减少河

道宽度(Zheng et al.,2018a),而目前缺乏研究期间港口工程的详细信息。

5.3.4 全球感潮河段对比分析

上述结果表明,长江感潮河段(大通—江阴)在三峡大坝运行前的时期Ⅱ和运行后的时期Ⅲ均出现侵蚀。此外,随着上游年输沙量的减少,在时期Ⅱ和时期Ⅲ,感潮河段内侵蚀的泥沙量对下游输沙量的贡献不容忽视。复杂的冲淤特征可以给当地的河道管理提供帮助。

对感潮河段而言,地貌的变化主要与以下因素相关:上游的水沙通量、下游的潮汐潮流、泥沙特征、河道几何形态和地形。此外,人类活动的影响如挖沙、海平面上升和风暴等也可能影响感潮河段的地貌演变。长江感潮河段在年代尺度上的泥沙收支平衡与湄公河(Brunier et al.,2014)相似,而不同于哈德逊河的感潮河段(Ralston et al.,2017)和河流占主导的密西西比河下游(Wang et al.,2018)。1998—2008年间,湄公河最下游250 km处发生了严重侵蚀,其平均地形降低了1.3 m,侵蚀的主要原因被归结于大量的采砂,不过,由于缺少可靠数据,上游来沙的贡献不明(Brunier et al.,2014)。对于哈德逊河的感潮河段和密西西比河最下游,大量的泥沙淤积在了这些河段内。在哈德逊河一段120 km长的感潮河段中,2004—2015年间40%的上游来沙发生了沉积,主要与海平面上升和由热带风暴带来的高流量事件相关(Ralston et al.,2017)。在密西西比河最下游500 km处,尽管1992—2013年间上游的来沙量没有明显变化,但70%的上游来沙发生了沉积,其主要原因是回水和流速减小的影响(Wang et al.,2018)。上述各河段在泥沙收支方面显示出了相当不同的性质,这些不同取决于径流、泥沙通量和河流的主导因素(潮汐或径流)。这些例子都表明,在研究入海泥沙通量时,需要考虑河流下游河道的泥沙收支平衡。

5.4 来沙减少和海平面上升作用下感潮河段长期地形演变

本节首先基于简化的一维感潮河段动力地貌模型(见5.1.3节),模拟分析了来沙减少和海平面上升对河段地形的影响,并分析了结果对潮汐幅值、径流、泥沙粒径及输沙公式的敏感性;继而利用潮平均泥沙通量分析了一维河段在来沙减少和海平面上升条件下平衡态转变的机理;最后利用更实际的条件模拟分析了长江感潮河段地形的长期演变趋势,并提出了后期研究方向。

5.4.1 来沙减少对感潮河段地貌的长期影响

图5-24显示了实验1中(泥沙浓度为0.05 kg/m^3)不同年份高潮时的地形

z_b、水位 ζ、水深 D 及底床地形变化 Δz_b 的等值线图。地形变化 Δz_b 表示的是相对实验 0(泥沙浓度为 0.1 kg/m^3)中初始平衡态下地形(图 5-24(a)中初始时刻 0 时的地形)的垂向距离。

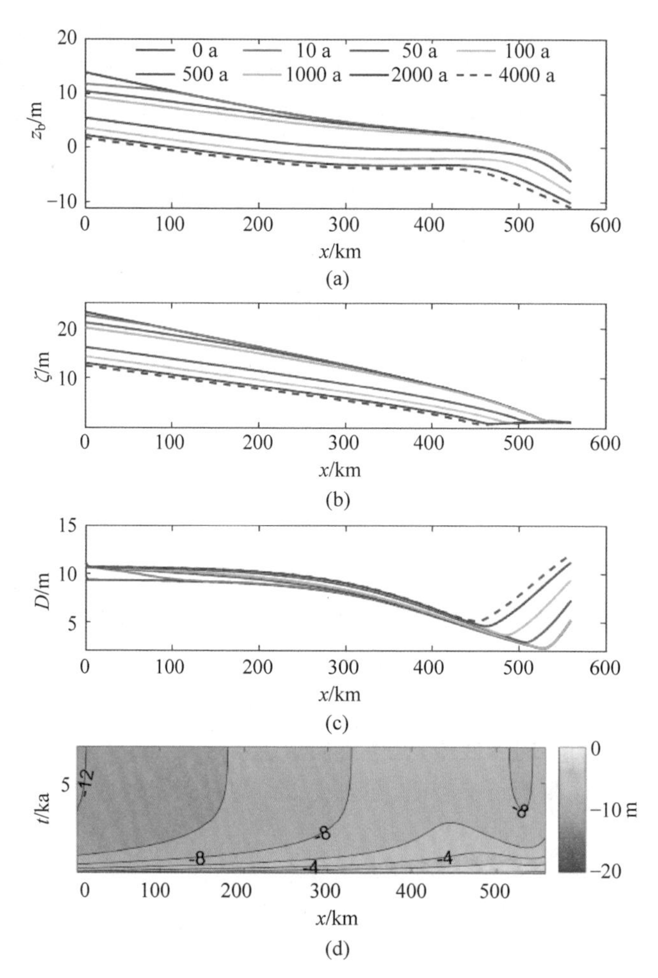

图 5-24　不同年份高潮时的地形 z_b、水位 ζ、水深 D 及底床地形变化 Δz_b 的等值线图

(a) 地形 z_b 的等值线图；(b) 水位 ζ 的等值线图；(c) 水深 D 的等值线图；(d) 底床地形变化的等值线图

注：以到河段最上游边界的距离 x 和时间 t 为函数，设置见实验 1(表 5-6)，泥沙浓度为 0.05 kg/m^3，流量为 30 000 m^3/s，半日潮幅值为 1.2 m，海平面上升速率为 0，泥沙粒径为 0.1 mm，输沙公式为 Engelund 等(1967)中的公式，初始地形为泥沙浓度为 0.1 kg/m^3 的平衡态地形(实验 0)。

前 100 年，如图 5-24(a)所示，河床侵蚀从上游向下游延伸，之后整个河段发生侵蚀。如图 5-24(b)所示，水位的演变与河床地形相似，不过在口门附近水位变化不大。这导致最终上游河段水深的增量几乎为常数，如图 5-24(c)所示，而口门附

近的水深增量相对较大。沿程的底床地形随空间和时间变化。在同一时刻，河床侵蚀在河流边界附近最强——以$|\Delta z_b|$进行衡量，如图 5-24(d)所示，其强度沿着下游方向逐渐减弱，在下游河段中存在局部最小侵蚀区。一般情形下，上游河段的地形侵蚀速率比下游河段高；而在河段内存在一个区域，其中 Δz_b 的变化比它周围的区域要慢。发生当地最小值$|\Delta z_b|$的位置和当地最小侵蚀速率的区域随时间向上游移动。上述结果也适用于实验 1 中的其他算例($c_s=0.01\sim0.05$ kg/m^3)。

图 5-25 显示了实验 1 中一系列泥沙浓度对应的平衡态下潮平均的地形 z_b、水深 D、相对初始平衡态地形(实验 0)侵蚀的上限$|\Delta Z|$及达到 50%$|\Delta Z|$和 95%$|\Delta Z|$需要的时间 t_a。在所有考虑的情形的平衡态下，上游河床的坡度(图 5-25(a))

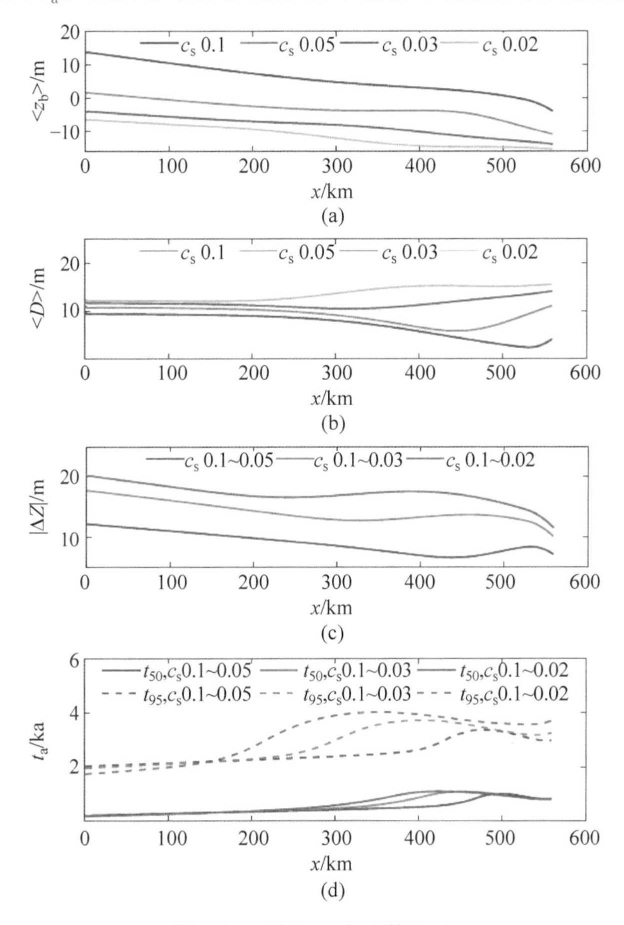

图 5-25　实验 1 中计算结果

(a) 地形 z_b；(b) 水深 D；(c) 相对初始平衡态地形(实验 0)侵蚀的厚度上限$|\Delta Z|$；(d) 达到 50%$|\Delta Z|$和 95%$|\Delta Z|$需要的时间

注：实验 1 设置：流量为 30 000 m^3/s，半日潮幅值为 1.2 m，海平面上升速率为 0，泥沙粒径为 0.1 mm，输沙公式为 Engelund 等(1967)，初始地形为泥沙浓度为 0.1 kg/m^3 的平衡态地形(实验 0)。

与水深(图 5-25(b))几乎是常数,而在下游则沿程变化。对于较大幅值的来沙减少,上游和下游的平衡地形都变平(图 5-25(a)),平衡水深变大(图 5-25(b)),尤其是下游;此外,侵蚀上限|ΔZ|更大(图 5-25(c)),即发生更强的侵蚀,且局部最小|ΔZ|的位置向上游移动。所考虑的泥沙浓度减小的情形下,50%的河床地形变化发生在来沙减少开始后的前几百年,而整个河段需上千年才会达到新的平衡。一般而言,水深近似为常数的上游区域比下游的调整速度快。达到 50%|ΔZ|和 95%|ΔZ|的调整时间 t_a 的范围对所考虑的泥沙浓度减小值大小不太敏感,而在较大的来沙减少情形下,河段内发生局部最大调整时间 t_a 的位置位于更上游区域。

5.4.2 海平面上升对感潮河段地貌的长期影响

图 5-26 显示了实验 2 中(海平面上升速率为 2 mm/a)不同年份高潮时的地形

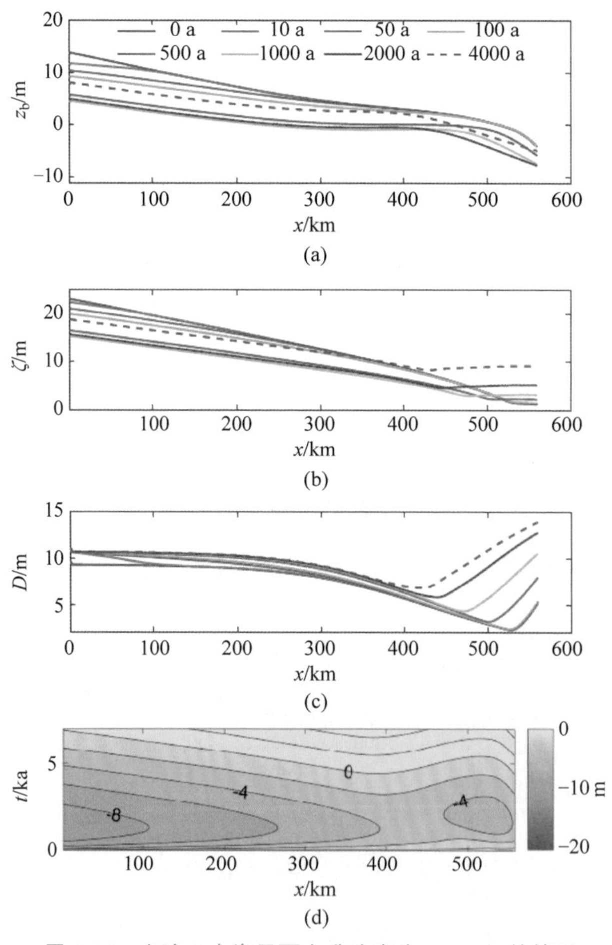

图 5-26 实验 2 中海平面上升速率为 2 mm/a 的情形

(a) 地形图 z_b 等值线图;(b) 水位 ζ 等值线图;(c) 水深 D 等值线图;(d) 底床地形变化 Δz_b 等值线图

z_b、水位 ζ、水深 D 及底床地形变化 Δz_b 的等值线图。与考虑来沙减少但无海平面上升的情况相比，前几百年河床地形（图 5-26(a)）和水位（图 5-26(b)）的变化是相似的。大约 1000 年以后，侵蚀停止，河床地形（图 5-26(a)）开始随海平面上升而上升。当考虑海平面上升时，口门附近的水深（图 5-26(c)）略大于图 5-24 中无海平面上升时的水深，整个河段的侵蚀较弱（图 5-26(d)）。最后，在保持底床地形形状基本不变的同时，底床地形与海平面保持同步（图 5-26(d) 中约 4000 年后，Δz_b 等值线之间的距离几乎保持不变）。在实验 2 中不同的海平面上升速率下也观察到相似的演变特征（未显示）。

图 5-27 显示了实验 2 中一系列海平面上升速率下的沿程最大、最小侵蚀上限 $|\Delta Z|$ 和达到 95%$|\Delta Z|$ 的调整时间，同时显示了这些最值对应的在河道中的位置。可以看出，随着海平面上升速率的增大，河道沿程的最大和最小 $|\Delta Z|$ 减小，如图 5-27(a)所示，表明侵蚀减小；而沿程的最大和最小调整时间 t_{95} 也减小，如图 5-27(b)所示，表明调整加快。这些最大值和最小值的位置变化不大。河流边界受到了最强烈的侵蚀（图 5-27(a)中的绿实线），其调整时间最快（图 5-27(b)中的绿虚线），而下游的位置（距河口约 100 km）受到的侵蚀最少（图 5-27(a)中的绿虚线），其调整时间最慢（图 5-27(b)中的绿实线）。

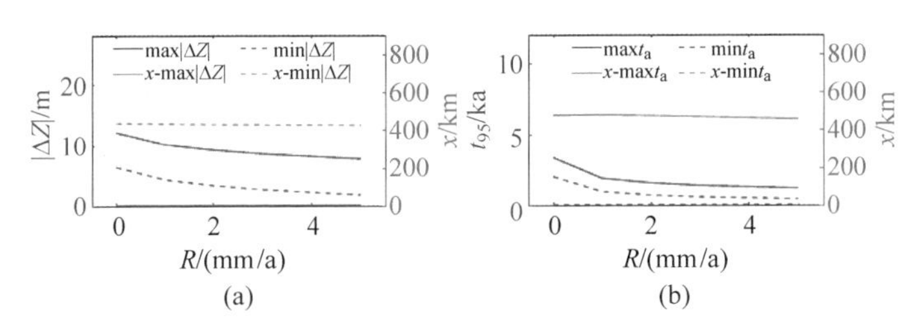

图 5-27　实验 2 中计算结果

(a) 上升速率 R 对应的最大、最小侵蚀上限 $|\Delta Z|$；(b) 达到 95%$|\Delta Z|$ 的调整时间

注：图中绿线表示 $|\Delta Z|$ 和 t_{95} 最大、最小值在河道中的位置。

5.4.3　潮汐幅值、径流、粒径及输沙公式敏感性分析

这里考察了模型结果对半日潮幅值 A_2、河流径流量 Q_0、泥沙粒径 d 和输沙公式 f_{q_s} 的敏感性。大体而言，对于所有考虑的敏感性测试（实验 4,6,8,10），河床剖面、侵蚀空间特征和调整时间相似。这些相似之处包括：上游底坡几乎恒定，口门附近水深增加，最小侵蚀发生在下游局部区域，几百年到上千年的调整时间，以及最慢的调整发生在河道内。不过，底床侵蚀的最值及调整时间的大小会因条件设置的不同而改变。图 5-28 显示了在不同潮汐振幅、河流径流量、泥沙粒径和不同输沙公式条件下最大、最小侵蚀上限 $|\Delta Z|$ 和达到 95%$|\Delta Z|$ 的调整时间 t_{95}，并给

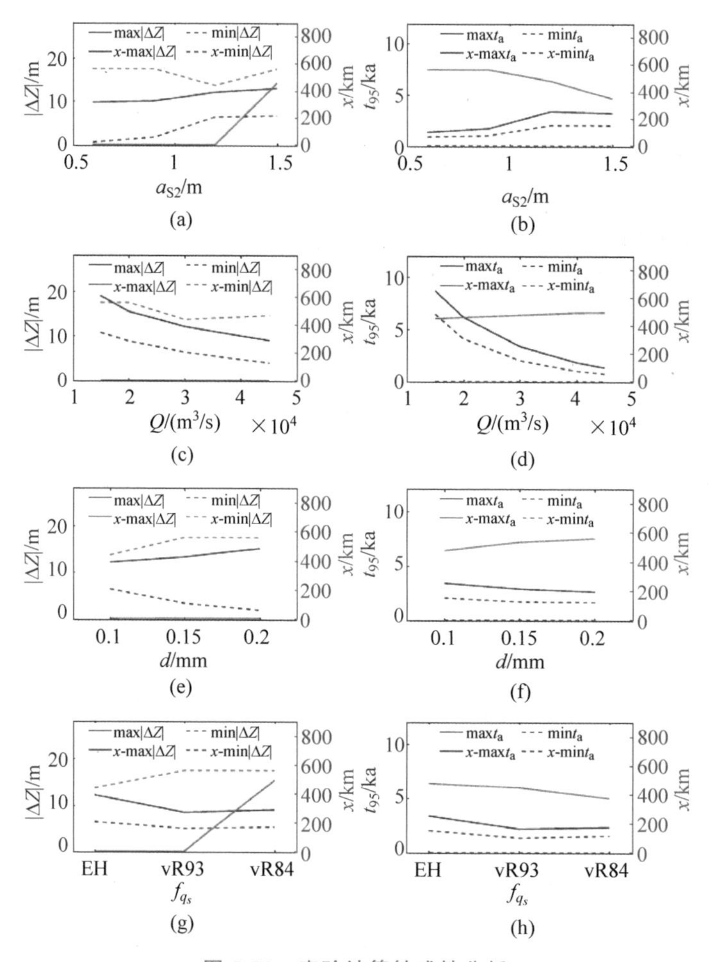

图 5-28　实验计算敏感性分析

注：图(a)和(b)对应实验 4 中的潮汐幅值，图(c)和(d)对应实验 6 中的径流量，图(e)和(f)对应实验 8 中的泥沙粒径，图(g)和(h)对应实验 10 中的输沙公式，符号“EH”“vR93”“vR84”分别对应 Engelund 等(1967)、van Rijn(1993)和 van Rijn(1984a，1984b，1984c)中的公式。

出了这些最大值和最小值在河道中的对应位置。

随着潮汐幅值 A_2 从 0.6 m 增加到 1.5 m(实验 4)，大体而言，最大、最小 $|\Delta Z|$(图 5-28(a))和 t_{95}(图 5-28(b))都增加，表明侵蚀更强，调整更慢。除 $A_2=1.5$ m 的情况外，最强的侵蚀均发生在河流边界，而最弱的侵蚀总是发生在最下游的 150 km 处的河道内(图 5-28(a))。当 A_2 从 0.6 m 增加到 1.5 m 时，最快的调整发生在河流边界，最慢的调整位置从近口门处移动到上游距口门约 200 km 处(图 5-28(b))。

对所考虑的河流径流量 Q_0(15 000～45 000 m^3/s，实验 6)，最强的侵蚀(图 5-28(c))

和最快的调整(图 5-28(d))发生在河流的边界,最弱的侵蚀和最慢的调整发生在最下游的 150 km 处的河道内。随着 Q_0 从 15 000 m^3/s 增加到 45 000 m^3/s,$|\Delta Z|$ 的最大值和 t_{95} 的最小值都减小,这表明侵蚀减弱,调整加快。同时,最慢的调整位置稍微向下游移动(图 5-28(d))。径流量越小,调节时间越长,这是因为泥沙通量与流速的 n 次幂($n>1$)成正比(见式(5-17)),而流速与径流量成正比。

当泥沙粒径 d 从 0.1 mm 增大到 0.2 mm 时(实验 8),最大 $|\Delta Z|$ 增大,而最小 $|\Delta Z|$ 减小,且在 $d=0.15$ mm 或 $d=0.2$ mm 时最小 $|\Delta Z|$ 的位置更靠近口门(图 5-28(e))。随着粒径的增加,调整时间 t_{95} 的最大值和最小值都略有下降(图 5-28(f)),表明调整速度更快。与此同时,最大 t_{95} 的位置稍微向下游移动。使用 vR93 和 vR84 输沙公式(实验 10)得到的最大、最小 $|\Delta Z|$(图 5-28(g))和 t_{95}(图 5-28(h))比使用 EH 公式时要小,表明侵蚀更弱,调整更快。

5.4.4　一维感潮河段的平衡态过渡机理

对于感潮河段,已有多项研究表明,在一维设置下,长时间(100～1000 年)内河段将达到动态平衡(Bolla Pittaluga et al.,2015;Canestrelli et al.,2014;Guo et al.,2014)。在水流恒定和无海平面上升条件下,平衡态的特征是河段内潮平均的泥沙通量在空间上是相同的,即河流输入的泥沙被完全冲入大海。

图 5-29 显示了实验 1(泥沙浓度为 0.05 kg/m^3)中不同年份潮平均的泥沙通量和地形变化速率。地形变化速率 r_{zb} 与 $-\langle Q_s\rangle/B$ 的空间梯度成正比,其中 B 为河道宽度。从初始平衡态(实验 0)开始,在第 1 个 10 年中,靠近最上游河段的潮平均泥沙通量 $\langle Q_s\rangle$ 迅速减小(图 5-29(a)),而下游河段的潮平均泥沙通量 $\langle Q_s\rangle$ 几乎保持不变。相应的,在上游的边界附近,$\langle Q_s\rangle$ 的大的梯度值引起了当地每年几厘米的河床侵蚀(图 5-29(b))。这解释了为什么在泥沙供给减少之后,最上游区域的河床地形迅速下降。

1 个世纪内潮平均泥沙通量 $\langle Q_s\rangle$ 的减小逐渐扩展到整个河段,此时河床地形变化速率约为每年 1 cm 左右。在第 1 个 1000 年后,上游河段的河床地形变化速率降低并趋于均匀,该区域的地形变化大部分发生在 1000 年以内,而下游河段的地形变化速率开始大于上游河段。这解释了为何上游区域调整最快,而调整最慢的区域出现在河道中部。2000 年后,$\langle Q_s\rangle$ 接近于新平衡。在接下来的 2000 年中,与第 1 个 1000 年相比,$\langle Q_s\rangle$ 只发生了很小的变化。

根据潮平均泥沙通量,河段大致可分为 3 个区域,即河流主导区、河流和潮汐影响区(或过渡区)与潮汐主导区(Dalrymple et al.,1992)。一般来说,调整最慢的区域对应过渡区。为了确定过渡区的范围,$\langle Q_s\rangle$ 被分解成余流引起的 T_1、余流和分潮之间相互作用引起的 T_2 和分潮之间相互作用引起的 T_3。受 Bolla Pittaluga

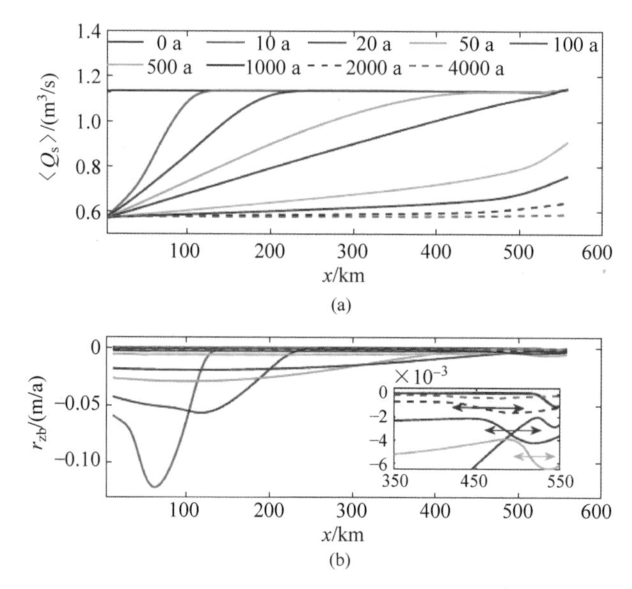

图 5-29 实验 1 中不同年份潮平均的泥沙通量和地形变化速率

(a) 泥沙通量；(b) 地形变化速率

注：泥沙浓度 0.05 kg/m³，图(b)中的插图为地形变化速率的局部放大图，双箭头指示了 500 年、1000 年和 2000 年的过渡区范围。

等(2015)中"潮汐长度"定义(即潮汐幅值降至口门处潮汐幅值 5%的位置距口门的距离)的启发，此处将过渡区定义为满足 $0.05<T_1/\langle Q_s\rangle<0.95$ 的区间。这种定义的优点是，根据潮平均泥沙通量将河段分为 3 个区域，而不仅仅是两个区域，这样可以更好地描述局部区域的地貌动力特征(图 5-29(b))。

潮平均泥沙通量 $\langle Q_s\rangle$ 的组成部分是通过对泥沙流量应用潮汐平均得到的，其中流速表示为平均流速(余流)、半日潮潮流流速及 1/4 日分潮潮流流速的和，即

$$u=U_0+U_2\cos(\omega_2 t-\phi_2)+U_4\cos(\omega_4 t-\phi_4) \tag{5-29}$$

其中，U_0 为余流；U、ω、ϕ 分别为潮流分量的流速幅值、频率和相位，下标表示潮流的频率，次/d。1/4 日分潮的频率是半日潮的 2 倍。高频分潮由于其振幅远小于半日潮潮流幅值而被忽略。应用潮汐平均得到

$$\langle Q_s\rangle=\langle Bq_s\rangle=T_1+T_2+T_3 \tag{5-30}$$

$$T_1=\alpha U_0^5 \tag{5-31}$$

$$T_2=\alpha\left[5U_0^3(U_2^2+U_4^2)+\frac{15}{8}U_0(U_2^4+U_4^4)\right]+\alpha\frac{15}{2}U_0U_2^2U_4\left[U_0\cos(2\phi_2-\phi_4)+U_4\right] \tag{5-32}$$

$$T_3=\alpha\left(\frac{5}{4}U_2^4U_4+\frac{15}{8}U_2^2U_4^3\right)\cos(2\phi_2-\phi_4) \tag{5-33}$$

$$\alpha=\frac{0.05B}{\sqrt{g}C^3(s-1)^2d} \tag{5-34}$$

图 5-30 显示了实验 1(泥沙浓度为 0.05 kg/m^3)中,100 年和 4000 年时余流、半日潮及 1/4 日分潮流速幅值的沿程分布及相应的潮平均泥沙通量各分量的沿程分布。可以看出,随着时间的增加,潮流影响范围向上游延伸,口门附近的余流变弱(图 5-30(a))。这是因为当泥沙浓度 c_s 减小时,水深增大,尤其是在口门附近(图 5-30(b)),底部摩擦力(与水深成反比)减小。因此,潮汐向上游传播的范围更广,直到能量耗散,过渡区向上游移动并变长(图 5-30(b)和(c)),这种情况在图 5-29(b)中也有体现。在本研究考虑的所有情况下,过渡区均未到达上游的河流边界,因此,固定的河流边界对结果的影响有限。

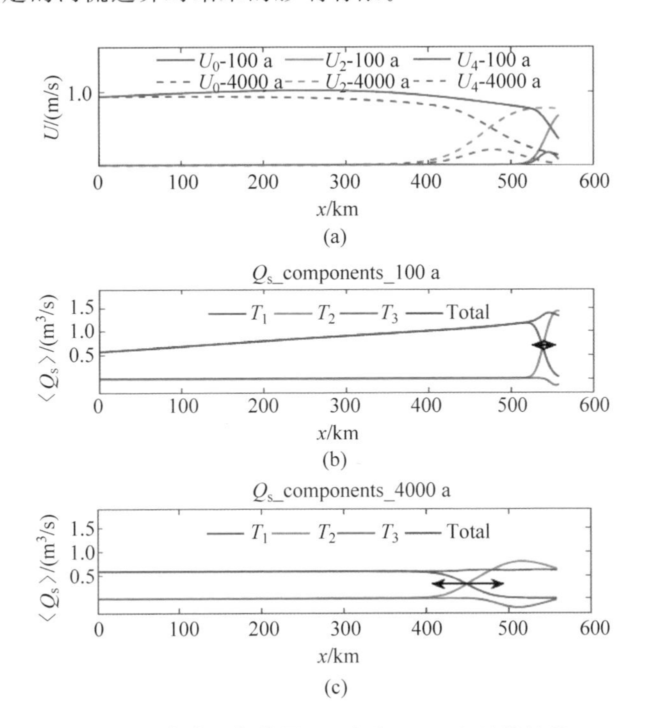

图 5-30　实验 1 条件下 100 年和 4000 年计算结果

(a) 100 年和 4000 年时余流、半日潮及 1/4 日分潮流速幅值的沿程分布;(b) 100 年时潮平均泥沙通量各分量的沿程分布;(c) 4000 年时潮平均泥沙通量各分量的沿程分布

注:泥沙浓度 0.05 kg/m^3,分量 T_1、T_2、T_3 分别对应由余流引起,由余流与其他潮汐分量相互作用引起和由非余流的潮汐分量相互作用引起的潮平均泥沙通量,双箭头指示过渡区范围。

图 5-31 显示了实验 1(不同来沙减少量)和实验 2(来沙减少之外考虑不同海平面上升速率)中平衡态下的过渡区范围。当上游来沙量下降较大时,下游的平衡水深更大,如图 5-31(b)所示,因此根据上述讨论,潮流影响范围进一步向上游移动。这解释了在较大的来沙减少量条件下过渡区向上游移动且其范围发生扩展的原因。当考虑海平面上升时,对于河床地形、水位和深度的沿程分布,最明显的变化是河口附近水深变大。同上述讨论,随着海平面上升速率的增加,过渡区向上游移动,且范围扩大。

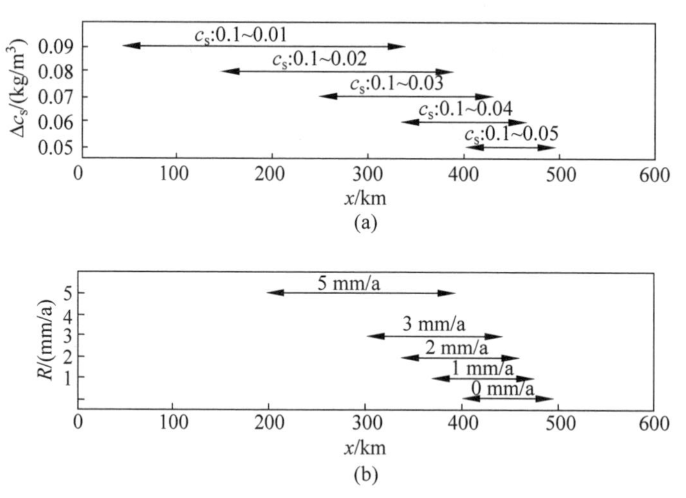

图 5-31 平衡态下的过渡区范围

(a) 实验 1 来沙减少;(b) 实验 2 来沙减少之外海平面上升

不太明显的是,相比只考虑来沙减少的情形,进一步考虑在海平面上升的情形下,同等时间内输出河口的净泥沙量减少。一方面,这有助于减少河段内的侵蚀和更快速地调整。另一方面,这可能会对口门外的地貌产生巨大的影响,例如,发生三角洲、沙洲和海岸线的侵蚀。注意,这里是因为所考虑的海平面上升情形中有足够的泥沙供给,才使得河段内的地形能够与海平面上升的速率保持一致(Carrasco et al.,2016)。在平衡状态下,由海平面上升造成的沉积到感潮河段的泥沙与上游来沙的比值可表示为

$$r_{\text{trap}}=\frac{\text{海平面上升引起的沉积的泥沙体积}}{\text{上游来沙体积}}=\frac{(1-p)R\int_0^L B\,\mathrm{d}x}{Q_0 c_s/\rho_s} \tag{5-35}$$

其中,$p=0.4$ 表示孔隙率。结果表明,对所考虑的喇叭形河段,2 mm/a 的海平面上升速率会导致约 22%的泥沙沉积到河段中。随着海平面上升速率的增加或泥沙供给的减少,沉积的比率增大。当前情形下,随着海平面的加速上升和泥沙供应的持续减少,这一比例可能会增加。Ralston 等(2017)的文献中即显示了海平面上

升对河口泥沙沉积的重要性。据估计，在2004—2015年间，海平面上升可能导致了20%的上游泥沙沉积到哈德逊河感潮河段。当来沙较少且海平面上升速率较大时，如在实验1泥沙浓度为0.03 kg/m^{3}的情形中考虑较大的海平面上升速率10 mm/a，结果表明，口门区域将在数千年的时间尺度上被淹没。

平衡态地形主要取决于主导的作用力和河道的几何特征。如上文所示，河流主导区、过渡区和潮主导区中的潮平均泥沙通量的时空特征不同，决定了各段河床的地形演变。一般情形下，下游河道的地形是凸起的(Bolla Pittaluga et al.，2015)。此处的研究区域为喇叭形，河床地形变化平缓。如Guo等(2014)所示，考虑河口的实际几何形状会使得模拟得到的河床地形与实测接近，这表明几何形状对河床地形的影响较大。

5.4.5 长江口实际地貌演变模拟与分析

本节以长江口为例，采用更实际的几何形状、河流径流量、潮汐条件，探讨了来沙减少和海平面上升影响下长江口的响应。这里考虑了长江口的主河道。使用了季节性的径流量，大致基于1960年以来历史日均流量的调和分析，流量被简化为$Q_0=30\,000+20\,000\cos(\omega_a t)$，$\omega_a$的频率对应周期为1年。除了半日潮外，还考虑了振幅为0.2 m、相位为5π/3的1/4日分潮(Guo et al.，2014)。考虑了不同的输沙公式，并将地形加速因子设为1。其他参数与实验0相同。在考虑的时间范围内，忽略了河口附近人类活动的影响。首先在0.1 kg/m^{3}的泥沙浓度下进行模拟，直至平衡。这里的平衡是通过比较连续年份之间而不是连续潮周期之间的河床地形来确定的。之后，30年间泥沙浓度从0.1 kg/m^{3}线性减少到0.05 kg/m^3，然后在20年间下降到0.03 kg/m^3，这里考虑了2 mm/a的海平面上升速率。

图5-32显示了模拟(使用vR84输沙公式)的长江口平衡态地形与实测地形的比较，以及平衡态之后在来沙减少和海平面上升条件下地形的变化。实测的地形是2000—2002年间河道横断面平均的地形(Zhang et al.，2018)。尽管高度简化，但从图5-32(a)中可以看出，模拟得到的平衡态底床地形与实测结果接近。除了平均地形高于利用vR84公式得到的结果外，运用EH和vR93输沙公式得出了相似的平衡态地形。运用EH，vR93，vR84公式得到的地形与实测数据的相关系数分别为0.72，0.82，0.83，相对平均绝对误差分别为0.96(差)、0.53(合理)、0.27(好)。高的相关系数值表明模型较好地捕捉到了地形的沿程变化，而运用EH和vR93公式得到的较大的相对平均绝对误差则是由于模拟结果与实测值平均地形的不匹配造成的。尽管在运用不同输沙公式的情形下会有平均地形上的差异，但在平衡态后几十年内，地形变化的时空特性是相似的(未显示)。在来沙减少和海平面上升的情况下，平衡态后几十年内，河口沿程出现整体侵蚀，侵蚀强度随时间

增加而增大，并从上游到河口口门逐渐减小。如果来沙减少和海平面上升条件不变，河口的侵蚀将持续数百年。这与使用简化喇叭口形河口的结果一致。

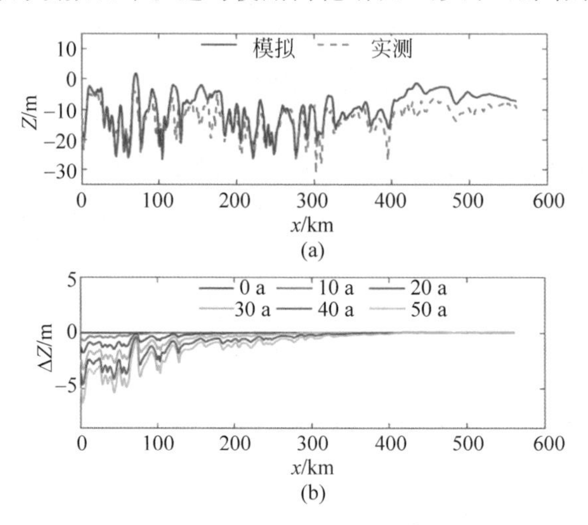

图 5-32 长江口实际案例计算结果

(a) 数值模拟(vR84)的平衡态地形与实测结果的比较；(b) 平衡态后来沙减少和海平面上升条件下地形数十年的变化

现有的关于受来沙减少和海平面上升影响下的河口长期演变的研究很少。Zheng 等(2018b)的研究表明，1998—2008 年(三峡大坝于 2003 年开始蓄水)，长江下游 565 km 范围内的河道发生了整体侵蚀。Dai 等(2013)的研究表明，在三峡大坝下游 700 km 范围(完全受河流影响)，三峡大坝运行后，大体上河床侵蚀强度随着离大坝距离的增加而下降。三峡截流后的前 10 年，大坝下游河段局部最大侵蚀量可达 12 m，三峡水库下游前 160 km 平均侵蚀量约 2.5 m，160～450 km 平均侵蚀量约 1.5 m，450～660 km 平均侵蚀量约 1 m。此外，他们还观察到，在南京站附近的感潮河段(距大通站约 200 km 处)，地形侵蚀量约 1m。模拟得到的南京站附近的侵蚀量与实测值量级相同(见图 5-32(b))。在北加拿大河(North Canadian River)中 Canton Dam 下游的河道中，也发现了上述侵蚀强度与至大坝距离之间的关系(Williams et al.，1984)。在本研究中河流主导的河段也观察到类似的侵蚀特征。

此外，研究结果表明，感潮河段的地形动力调整的时间尺度为 100～1000 年，来沙减少刚开始时的河床地形变化速率较快。这与(Williams et al.，1984)的研究结果基本一致。基于河床侵蚀随时间减少的假设，Williams 等(1984)采用了双曲函数作为模型研究了 100 多条河流在大坝建成后河床随时间的变化。其中，假设河床完全可蚀，径流量不变，利用双曲函数中的系数估计了最大侵蚀量和达到 95%最大侵蚀量的时间。估算出最大的侵蚀范围为 1 米到几十米(主要是几米)，调整时间为几十年到几千年(主要是几百年)。Yang 等(2014)估计了 2003—2013

年间自然侵蚀和采砂只占4%的长江中下游底床的泥沙总量，并推测三峡大坝下游的河道侵蚀将持续几个世纪。图5-32中长江口的数值模拟给出了相似的时间尺度。模拟结果和实测结果之间的相似性体现了该理想化模型在研究来沙减少和海平面上升共同作用下感潮河段长期地形演变的价值。

5.4.6　模型局限分析

上述模型中采用了一些简化。关于影响河段地貌动力的外部因素，首先，可以探讨季节性河流径流量和季节性泥沙通量的影响，可以考虑多个分潮，如1/4日分潮和太阳半日分潮(Guo et al.,2016)。其次，河口与邻近海域的相互作用对河口地貌动力可能具有重要影响。原因是：口门处的泥沙通量可能并非与当地水流条件平衡；在人类干预和气候变化下，向海边界的形态(三角洲、沙坝和海岸线)和水动力条件可能会发生变化(Zhu et al.,2016)。这可以通过利用覆盖河口邻近海域的二维模型进行探索。再次，在淡水和盐水交汇的口门附近，可能发生分层(Li et al.,2018)，这对垂向混合至关重要，进而会影响悬移质输运。另外，这里未探讨影响河口地貌动力的内部因素，例如河岸和河床的可侵蚀性、垂向和水平方向的泥沙粒径分布及河道的几何形状。

实际情形下，天然河段的宽度和水流条件与泥沙通量有关(Dronkers,2017)。模型预测在来沙减少条件下的河床侵蚀，可能通过河岸侵蚀和河岸崩塌得到部分补偿，对这些因素的考虑可以借鉴Zhao等(2019)的研究。在天然河流中，由于固结作用，河床的可蚀性通常随着河床沉积物深度的增加而降低，一般较深的沉积物比表层沉积物粗。Yang等(2017)提出的长江口的概念模型显示，水平方向上河床沉积物由河流主导区的沙转变为海洋条件主导区的泥，揭示了在不同主导力作用下沉积物粒径大小的空间差异。河道几何形状也会对感潮河段的地貌动力产生很大的影响，正如运用长江真实几何形状的例子所示。这些内部因素对河段地貌的影响可以在将来进行系统研究。具体而言，对于考虑固结效应的泥-沙混合物的影响，可以借鉴Zhou等(2016)提出的考虑到泥的固结作用的模型。然而，正如Zhou等(2016)所指出的，对于泥-沙混合物的固结，目前尚缺乏完善的、适用的数学描述，这一课题需要更多的实验研究。此外，对于具有固结作用的床面泥沙侵蚀，特别是对于泥-沙混合物，仍然难以用临界切应力的公式进行定量验证。

5.5　本章小结

本章首先基于Delft 3D泥沙输运模型建立了长江感潮河段二维潮流泥沙数学模型，分析了河段年内泥沙动力特征；基于实测悬沙浓度对模型进行了验证，模型验证结果良好；描述了径流-潮汐相互作用下感潮河段不同位置处悬沙浓度随潮变化的峰值分布模式；分析了上游水库运行前后大通站入海水沙条件组合变化情况，研究了水库运行前后感潮河段悬沙浓度沿程分布的变化，给出了不同季节来水来沙组合变化下的沿程悬沙浓度变化过程。主要的研究结论如下：

在枯季的长江感潮河段中，1个潮周期内的悬沙浓度变化过程依次呈现出4种峰值分布模式：①落潮流引起悬沙浓度单峰结构；②涨、落潮流引起悬沙浓度双峰结构，且落潮流对应峰值更大；③涨、落潮流引起悬沙浓度双峰结构，且涨潮流对应悬沙峰值更大；④涨潮流引起悬沙浓度单峰结构。

三峡水库运行前和梯级水库运行后，河口来水来沙组合发生显著变化。在水库削峰期，大通站来流条件由大水大沙转变为大水中沙；在水库蓄水期，大通站来流条件由大水大沙转变为中水小沙。感潮河段上游来水来沙的改变引起悬沙浓度分布的显著变化。水库运行前后不同水沙组合下，汛期、水库蓄水期悬沙浓度全程降低，降低趋势在南京下游有所减弱；枯季悬沙浓度在局部全日分潮和浅水分潮潮波振幅增加的影响下有可能反而增加。

同时，本章利用长江感潮河段（大通—江阴）的历史地形资料，研究了该河段年代际泥沙收支平衡和当地地貌的变化，主要发现如下：

1970—2008年间，整体上该河段发生了侵蚀。在流域来沙量稳定的1970—1992年间（时期Ⅰ），河段受轻度侵蚀（年侵蚀量约(1±0.08) Mt/a），可视为处于平衡状态。1992—2003年间（时期Ⅱ）和三峡大坝开始运行后的2003—2008年间（时期Ⅲ），河段年侵蚀量分别约为(65±5.0) Mt/a和(37±2.9) Mt/a。河段年侵蚀量占江阴下游河段年输沙量的比例分别为0.2%±0.02%，16.9%±1.1%和19.1%±1.2%。从时期Ⅰ到时期Ⅱ，河段年侵蚀量的增加与上游年输沙量的减少和年水通量的增加相关。从时期Ⅱ到时期Ⅲ，河段年侵蚀量的减小与泥沙粒径的增大（主要由三峡工程引起）、年径流量的减小及潮汐条件的变化有关。虽然从时期Ⅱ到时期Ⅲ河段的年侵蚀量减少了，但年侵蚀量占下游年输沙量之比增加了，这与流域来沙量有较大的下降有关。

河段沿程的沉积/侵蚀具有较高的复杂性，沉积和侵蚀交替发生。沿程地形变化速率以4～32 km/a的尺度为主。这与河段复杂的几何形状和水深相关，也与河流与潮汐之间的相互作用所导致的复杂水流条件有关。在1992年以前，观察到几处弯曲河段深泓线在水平方向的自然演变，即向外河段偏移。此后，在1992—2008年间，深泓线在水平面上变化很小，这可能是河道整治引起河岸固化的结果。

最后，采用理想一维模型，研究了来沙减少（50%～90%）和海平面上升（1～5 mm/a）对感潮河段长期地貌动力演变的影响。概化的模型考虑了宽度固定、河床侵蚀厚度不限的喇叭形河口，采用了恒定径流量、来沙量和一个半日潮。主要发现如下：

考虑来沙减少时，处于初始平衡状态的一维感潮河段在100～1000年时间尺度上调整到新的平衡状态，调整过程中整体上地形变化速率随着时间减小。总体而言，对考虑的来沙变化情形，来沙量减少越大，河床侵蚀越严重，而河床的调整时间范围对考虑的来沙减少量不是很敏感。进一步考虑海平面上升后，与仅考虑来沙减少的情形相比，底床侵蚀较弱，调整较快。在考虑海平面上升的平衡状态下，底床地形随海平面上升而上升，有大量泥沙沉积到河道。海平面的加速上升和泥沙供应的持续减少可能会增加河段内泥沙的沉积比例。

感潮河段的地形变化和调整时间在空间上的变化与区域的潮平均泥沙通量的特征有关。河段可被划分为河流主导区、过渡区和潮主导区。这些区域是利用余流引起的潮平均泥沙通量与总的潮平均泥沙通量之比进行划分的。一般过渡区所需调整时间最长，它的位置随时间向上游移动，直到达到平衡。当来沙减少或海平面上升速率增大时，过渡区会进一步向上游移动，且其范围增大。

运用更符合实际的长江口几何形态、径流量和潮汐条件及同时考虑推移质和悬移质的输沙公式，可以得到与2022年时的观测地形基本一致的数值模拟结果(平衡态地形)。随着来沙的减少和海平面的上升，整体上长江口预计会在接下来的几个世纪持续发生侵蚀。该研究为在来沙减少和海平面上升共同作用下全球大型河口的长期地形演变提供了参考。

参考文献

曹振铁，胡克林，2002. 长江口二维非均匀悬沙数值模拟[J]. 泥沙研究，6：66-73.

丁平兴，胡克林，孔亚珍，等，2003. 长江河口波-流共同作用下的全沙数值模拟[J]. 海洋学报(中文版)，5：113-124.

窦希萍，李来，窦国仁，1999. 长江口全沙数学模型研究[J]. 水利水运科学研究，2：136-145.

侯成程，朱建荣，2013. 长江河口潮流界与径流量定量关系研究[J]. 华东师范大学学报(自然科学版)，5：18-26.

蔺秋生，董耀华，2008. 长江水沙变化模式初探[J]. 人民长江，5：9-11，103.

刘帅，何青，谢卫明，等，2019. 近15年来长江口控制站徐六泾悬沙变化特征研究[J]. 长江流域资源与环境，28(5)：1197-1204.

陆建宇，王秀庆，王学斌，等，2015. 径流年内分配不均匀性的度量指标及其应用[J]. 水力发电，41(11)：24-28，54.

罗向欣，杨世伦，2013. 长江中下游、河口及邻近海域底床沉积物粒径的时空变化[D]. 上海：华东师范大学.

屈贵贤，2014. 长江下游大通—江阴段近五十年河床演变特征及其原因分析[D]. 南京：南京师范大学.

邵学军，王兴奎，2005. 河流动力学概论[M]. 北京：清华大学出版社.

沈焕庭，李九发，2011. 长江河口水沙输运[M]. 北京：海洋出版社.

韦立新，曹双，包伟静，2010. 长江下游控制站大通水文站来沙特性分析[A]. 水文泥沙研究新进展——中国水力发电工程学会水文泥沙专业委员会第八届学术讨论会论文集[C]. 北京：中国水利水电出版社：369-375.

徐殿洋，李玉松，李广林，2010. 三峡水库蓄水后对长江口采砂管理影响的探讨[J]. 中国水利，21：33-35.

许全喜，童辉，2012. 近 50 年来长江水沙变化规律研究[J]. 水文，32(5)：38-47，76.

张俊，高雅琦，徐卫立，等，2019. 长江流域极端降雨事件时空分布特征[J]. 人民长江，50(8)：81-86，135.

张瑞瑾，谢鉴衡，陈文彪，2007. 河流动力学[M]. 武汉：武汉大学出版社.

朱鉴远. 2000. 长江中下游床沙组成垂直变化成因分析[J]. 泥沙研究，01：40-45.

AMIDROR I，2002. Scattered data interpolation methods for electronic imaging systems：a survey [J]. Journal of Electronic Imaging，11(2)：157-176.

BAGNOLD R A，1966. An approach to the sediment transport problem from general physics[C]. USGS Professional Paper，422(I)：231-291.

BOLLA PITTALUGA M，TAMBRONI N，CANESTRELLI A，et al.，2015. Where river and tide meet：the morphodynamic equilibrium of alluvial estuaries[J]. Journal of Geophysical Research F：Earth Surface，120(1)：75-94.

CANESTRELLI A，LANZONI S，FAGHERAZZI S，2014. One-dimensional numerical modeling of the long-term morphodynamic evolution of a tidally-dominated estuary：the Lower Fly River (Papua New Guinea)[J]. Sedimentary Geology，301(15)：107-119.

CARRASCO A R，FERREIRA O，ROELVINK D，2016. Coastal lagoons and rising sea level：a review[J]. Earth-Science Reviews，154：356-368.

CHEN X Q，ZHANG E F，MU H Q，et al.，2005. A preliminary analysis of human impacts on sediment discharges from the Yangtze，China，into the sea[J]. Journal of Coastal Research，21(3)：515-521.

COOPER J A G，GREEN A N，WRIGHT C I，2012. Evolution of an incised valley coastal plain estuary under low sediment supply：a 'give-up' estuary[J]. Sedimentology，59(3)：899-916.

DAI Z J，LIU J T，2013. Impacts of large dams on downstream fluvial sedimentation：an example of the Three Gorges Dam (TGD) on the Changjiang (Yangtze River)[J]. Journal of Hydrology，480：10-18.

DALRYMPLE R W，CHOI K，2007. Morphologic and facies trends through the fluvial-marine transition in tide-dominated depositional systems：a schematic framework for environmental and sequence-stratigraphic interpretation[J]. Earth-Science Reviews，81(3-4)：135-174.

DALRYMPLE R W，ZAITLIN B A，BOYD R，1992. Estuarine facies models：conceptual basis and stratigraphic implications[J]. Journal of Sedimentary Research，62(2)：1130-1146.

DAVIS R A. DALRYMPLE R W，2011. Principles of tidal sedimentology[M]. Sedimentology.

DELTARES，2017. RGFGRID：Generation and manipulation of structured and unstructured grids，suitable for Delft3D-flow，Delft3d-wave or D-Flow Flexible Mesh，User Manual[Z].

DRONKERS J，2017. Convergence of estuarine channels[J]. Continental Shelf Research，144：

120-133.

DU P J,DING P X,HU K L,2010. Simulation of three-dimensional cohesive sediment transport in Hangzhou Bay,China[J]. Acta Oceanologica Sinica,29(2): 98-106.

ENGELUND F,HANSEN E,1967. A monograph on sediment transport in alluvial streams[M]. Copenhagen: Teknisk Forlag.

FARGE M,1992. Wavelet transforms and their applications to turbulence[J]. Annual Review of Fluid Mechanics,24: 395-457.

GRINSTED A,MOORE J C,JEVREJEVA S,2004. Application of the cross wavelet transform and wavelet coherence to geophysical time series[J]. Nonlinear Processes in Geophysics,11: 561-566.

GUO L CH,VAN DER WEGEN M,JAY D A,et al. ,2015. River-tide dynamics: exploration of nonstationary and nonlinear tidal behavior in the Yangtze River Estuary[J]. Journal of Geophysical Research: Oceans,120(5): 3499-3521.

GUO L CH,VAN DER WEGEN M,ROELVIN J A,et al. ,2014. The role of river flow and tidal asymmetry on 1-D estuarine morphodynamics[J]. Journal of Geophysical Research: Earth Surface,119(11): 2315-2334.

GUO L CH,VAN DER WEGEN M,WANG ZH B,et al. ,2016. Exploring the impacts of multiple tidal constituents and varying river flow on long-term,large-scale estuarine morphodynamics by means of a 1-D model[J]. Journal of Geophysical Research: Earth Surface,121(5): 1000-1022.

HU K L,DING P X,WANG ZH H,et al. ,2009. A 2D/3D hydrodynamic and sediment transport model for the Yangtze Estuary,China[J]. Journal of Marine Systems,77(1/2): 114-136.

KNIGHTON D,1998. Fluvial forms and processes: A new perspective[M]. London: Hodder Arnold.

KUANG C P,LIU X,GU J,et al. ,2013. Numerical prediction of medium-term tidal flat evolution in the Yangtze Estuary: impacts of the Three Gorges project[J]. Continental Shelf Research,52: 12-26.

KUMAR P,FOUFOULA-GEORGIOU E,1997. Wavelet analysis for geophysical applications[J]. Reviews of Geophysics,35(4): 385-412.

LANZONI S,SEMINARA G,2002. Long-term evolution and morphodynamic equilibrium of tidal channels[J]. Journal of Geophysical Research,107: C13001.

LESSER G R,ROELVINK J A,VAN KESTER J,et al. ,2004. Development and validation of a three-dimensional morphological model[J]. Coastal Engineering,51: 883-915.

LI L,HE Z,XIA Y,et al. ,2018. Dynamics of sediment transport and stratification in Changjiang River Estuary,China[J]. Estuarine Coastal and Shelf Science,213(30): 1-17.

LITTLE S A,CARTER P H,SMITH D K,1993. Wavelet analysis of a bathymetric profile reveals anomalous crust[J]. Geophysical Research Letters,20(18): 1915-1918.

LUAN H L,DING P X,WANG ZH B,et al. ,2017. Process-based morphodynamic modeling of the Yangtze Estuary at a decadal timescale: controls on estuarine evolution and future trends [J]. Geomorphology,290: 347-364.

LUAN H L, DING P X, WANG ZH B, et al., 2016. Decadal morphological evolution of the Yangtze Estuary in response to river input changes and estuarine engineering projects[J]. Geomorphology, 265: 12-23.

LUO X X, YANG S L, ZHANG J, 2012. The impact of the Three Gorges Dam on the downstream distribution and texture of sediments along the middle and lower Yangtze River (Changjiang) and its estuary, and subsequent sediment dispersal in the East China Sea[J]. Geomorphology, 179: 126-140.

MALAMUD B D, TURCOTTE D L, 2001. Wavelet analyses of Mars polar topography[J]. Journal of Geophysical Research: Planets, 106(E8): 17497-17504.

MERWADE V M, MAIDMENT D R, GOFF J A, 2006. Anisotropic considerations while interpolating river channel bathymetry[J]. Journal of Hydrology, 331(3-4): 731-741.

NICHOLLS R J, CAZENAVE A, 2010. Sea-level rise and its impact on coastal zones[J]. Science, 328(5895): 1517-1536.

PARTHENIADES E, 1965. Erosion and deposition of cohesive soils[J]. Journal of the Hydraulics Division, 91(1): 105-139.

PERILLO G M E, 1995. Geomorphology and sedimentology of estuaries[M]. Amsterdam: Elsevier: 1-16.

RALSTON D K, GEYER W R, 2017. Sediment transport time scales and trapping efficiency in a tidal river[J]. Journal of Geophysical Research, 122(11): 2042-2063.

ROELVINK J A, 2006. Coastal morphodynamic evolution techniques[J]. Coastal Engineering, 53: 277-287.

SUTHERLAND J, WALSTRA D J R, CHESHER T J, et al., 2004. Evaluation of coastal area modelling systems at an estuary mouth[J]. Coastal Engineering, 51: 119-142.

TODESCHINI I, TOFFOLON M, TUBINO M, 2008. Long-term morphological evolution of funnel-shape tide-dominated estuaries[J]. Journal of Geophysical Research, 113(C5): 01-14.

TORRENCE C, COMPO G P, 1998. A practical guide to wavelet analysis[J]. Bulletin of the American Meteorological Society, 79(1): 61-78.

VAN DER WEGEN M, ROELVINK J A, 2008. Long-term morphodynamic evolution of a tidal embayment using a two-dimensional, process-based model[J]. Journal of Geophysical Research, 113(C3): 1-23.

VAN MAANEN B, COCO G, BRYAN K R, 2013. Modelling the effects of tidal range and initial bathymetry on the morphological evolution of tidal embayments[J]. Geomorphology, 191: 23-34.

VAN RIJN L C, 1984. Sediment transport, part Ⅰ: bed load transport[J]. Journal of Hydraulic Engineering, 110(10): 1431-1456.

VAN RIJN L C, 1984. Sediment transport, part Ⅱ: suspended load transport[J]. Journal of Hydraulic Engineering, 110(11): 1613-1641.

VAN RIJN L C, 1984. Sediment transport, part Ⅲ: bed forms and alluvial roughness[J]. Journal of Hydraulic Engineering, 110(12): 1733-1754.

VAN RIJN L C, 1993. Principles of sediment transport in rivers, estuaries and coastal seas[M].

Amsterdam: Aqua publications.

VAN RIJN L C, WALSTRA D J R, 2003. Modelling of sand transport in DELFT3D[C]. WL | Delft Hydraulics. 2003

WANG B, XU Y J, 2018. Decadal-scale riverbed deformation and sand budget of the last 500 km of the Mississippi River: insights into natural and river engineering effects on a large alluvial river[J]. Journal of Geophysical Research: Earth Surface, 123: 874-890.

WANG Y G, LIU X, SHI H L, 2014. Variations and influence factors of runoff and sediment in the lower and middle Yangtze River[J]. Journal of Sediment Research, 5: 38-47.

WILLIAMS G P, WOLMAN M G, 1984. Downstream effects of dams on alluvial rivers[R] Washington DC.

WINTERWERP J C, KESTEREN W G M V, 2004. Introduction to the physics of cohesive sediment in the marine environment[M]. Amsterdam: Elsevier: 1.

XIE D F, WANG ZH B, GAO S, et al., 2009. Modeling the tidal channel morphodynamics in a macro-tidal embayment, Hangzhou Bay, China [J]. Continental Shelf Research, 29: 1757-1767.

YANG H F, YANG S L, XU K H. 2017. River-sea transitions of sediment dynamics: a case study of the tide-impacted Yangtze River Estuary[J]. Estuarine, Coastal and Shelf Science, 196: 207-216.

YANG H F, YANG S L, XU K H, et al., 2018. Human impacts on sediment in the Yangtze River: a review and new perspectives[J]. Global and Planetary Change, 162: 8-17.

YANG S L, BELKIN I M, BELKINA A I, et al., 2003. Delta response to decline in sediment supply from the Yangtze River: evidence of the recent four decades and expectations for the next half-century[J]. Estuarine, Coastal and Shelf Science, 57: 689-699.

YANG S L, MILLIMAN J D, XU K H, et al., 2014. Downstream sedimentary and geomorphic impacts of the Three Gorges Dam on the Yangtze River[J]. Earth-Science Reviews, 138: 469-486.

YIN Y, KARUNARATHNA H, REEVE D E, 2019. Numerical modelling of hydrodynamic and morphodynamic response of a meso-tidal estuary inlet to the impacts of global climate variabilities[J]. Marine Geology, 407: 229-247.

YU X Y, ZHANG W, HOITINK A J F, 2020. Impact of river discharge seasonality change on tidal duration asymmetry in the Yangtze River Estuary[J]. Scientific Reports.

ZHANG F, SUN J, LIN B, et al., 2018. Seasonal hydrodynamic interactions between tidal waves and river flows in the Yangtze Estuary[J]. Journal of Marine Systems, 186: 17-28.

ZHAO K, GONG Z, XU F, et al., 2019. The role of collapsed bank soil on tidal channel evolution: a process-based model involving bank collapse and sediment dynamics[J]. Water Resources Research, 55: 9051-9071.

ZHENG SH W, CHENG H Q, SHI SH Y, et al., 2018. Impact of anthropogenic drivers on subaqueous topographical change in the Datong to Xuliujing reach of the Yangtze River[J]. Science China Earth Sciences, 61: 940-950.

ZHENG SH W, XU Y J, CHENG H Q, et al., 2018. Riverbed erosion of the final 565 kilometers of the Yangtze River (Changjiang) following construction of the Three Gorges Dam[J]. Scientific Reports,8: 1-11.

ZHOU Z,VAN DER WEGEN M,JAGERS B,et al.,2016. Modelling the role of self-weight consolidation on the morphodynamics of accretional mudflats[J]. Environmental Modelling and Software,76: 167-181.

ZHU L,HE Q,SHEN J,et al.,2016. The influence of human activities on morphodynamics and alteration of sediment source and sink in the Changjiang Estuary[J]. Geomorphology,273: 52-62.

CHAPTER 6

第6章 结　　语

6.1 主要结论

本书通过总结水库影响下长江中下游干流水沙动力变化的系统研究成果，得到了以下认识和结论。

(1) 量化了长江干流水体输运规律和演变特征。三峡工程建成后，长江干流水体滞留时间大幅增加，水龄也发生显著变化，沿程的水龄分布在年周期内变得不协调，即长江的水体输运节律发生了显著改变。

水体输运节律是河流生态系统的最基础要素之一。三峡工程建成后，库区段流速大幅降低，水体运动减慢，水龄显著增加。量化结果表明，坝址处最大水龄增加了约5倍，从原来的13天增加到73天，入海口最大水龄从35天增加到95天，增加了约2倍，水体滞留时间增加了约两个月。对于水库下游的水体输运，由于冬季补水，水体输运时间略有缩短，夏季的流量过程虽然变化相对较大，但是其滞留时间的变化却相对较小，水库下游的水体输运与流量变化表现出非线性的响应规律。此外，在水库下游的平原河段，水龄分布格局发生了改变，水龄的纵向老化速率在年周期内变得不协调，蓄水期的水龄老化速率较消落期更缓。此外，我们发现常用的水力滞留时间不适用于水库水体的滞留时间，因为基于水力滞留时间的估算值在蓄水期和消落期分别偏大和偏小，而基于动力过程的水龄则能够更好地对水体滞留时间进行估算。

(2) 揭示了长江干流悬沙浓度系统性变化规律。在过去的30多年间，长江干流悬沙浓度锐减，悬沙沿程分布格局发生显著变化。长江中下游河流泥沙来源已经发生转变，河道泥沙恢复能力正在减弱，通江湖泊对干流悬沙浓度的稀释作用正在减弱。

长江干流年均悬沙浓度呈量级式下降，从三峡水库修建前（1985—2002 年）的～1.0 kg/m^3 下降至向家坝和溪洛渡水库运行后（2013—2018 年）的～0.1 kg/m^3，部分年份（2015 年和 2017 年）宜昌站的悬沙浓度甚至低于 0.01 kg/m^3。大型水库运行对悬沙减少的平均贡献率超过 85%。长江干流的悬沙浓度，从三峡水库运行前山区-平原河段逐级递减的空间分布格局，转变为以三峡坝址为界的先降低再升高的 V 字形分布格局。甚至从 2014 年开始，悬沙浓度出现了入海（大通站）悬沙浓度反高于三峡入库（朱沱站）悬沙浓度的“倒置”现象。随着三峡工程和金沙江梯级水库的陆续运行，长江上游来沙大幅减少，中下游河流的主要泥沙来源已经转变为大坝下游河段和通江湖泊及支流的泥沙供给。自三峡工程运行至今，宜昌—城陵矶河段为干流悬沙浓度恢复起到了主要作用，恢复幅度约 0.1 kg/m^3，但是，该河段悬沙恢复的能力正在逐渐减弱，其沿程恢复能力随着河道侵蚀累积以指数方式降低，河道泥沙浓度也逐渐接近湖泊入汇的悬沙浓度。洞庭湖对干流悬沙浓度的相对贡献率已从三峡水库运行前的－37%上升到现在的－13%，对干流悬沙的“稀释”作用已明显减弱。本书半经验半理论的模型预测结果显示，在 2020—2030 年干流的悬沙浓度将逐渐降低到洞庭湖入汇浓度之下，洞庭湖的相对贡献率将由负转正，其最大相对贡献率可超过 15%，并将维持较长时间。即当干流悬沙浓度极低时，洞庭湖将成为维持长江干流悬沙浓度的重要沙源因子，一定程度上起到降低长江干流彻底成为“清水”江河而过度影响其生态环境风险的作用。

（3）阐明了长江感潮河段径流-潮汐相互作用对水库运行的响应机制。长江感潮河段可同时存在多个流速转向点，流速转向点的数目分别遵循枯季“3—1—2”个和洪季“2—0—1”个的随潮变化规律。感潮河段水动力学特性对三峡水库季节性流量调蓄具有明显的响应，水库蓄水期感潮河段中游潮波振幅增加量可达 0.18 m，同时潮流界向陆移动 30 km，枯水期潮流界向海移动 44 km。

长江感潮河段内由于潮波连续上溯可形成最多 3 个涨落潮流速转向点。流速转向点的数量在 1 个潮周期内的变化遵循枯季“3—1—2”个和洪季“2—0—1”个的变化规律，且流速转向点总是出现在水位零梯度点的下游。三峡水库在蓄水期和消落期的调蓄可以改变感潮河段的分潮振幅和流速转向的特征值。在蓄水期，三峡水库蓄水引起的流量减少可使得感潮河段中游潮波增强，6 个主要分潮的累积振幅增加量可达 0.18 m，同时引起潮流界向陆方向移动 30 km。枯水期受水库水位消落下泄流量增加的影响，潮流界的位置向海移动 44 km。

（4）三峡水库和金沙江下游梯级水库运行后，年内上游来水来沙的改变引起感潮河段悬沙浓度量值和分布的显著变化。年代时间尺度上，长江感潮河段（大通—江阴）发生了大幅度的侵蚀，近来河段年侵蚀量对下游泥沙通量的贡献略有提高。100 年时间尺度上，考虑来沙减少和海平面上升时，简化河口将调整到新的平衡态，预计长江口会在接下来的几个世纪持续发生侵蚀。

在水库蓄水期，入口大通站来流条件由大水大沙转变为中水小沙，模拟结果显示，感潮河段悬沙浓度全程降低并且降低值从大通站的 0.45 kg/m^3 减小至口门处接近为 0。在汛期，悬沙浓度降低趋势与蓄水期类似，此时大潮平均悬沙浓度在水库运行后沿程递减趋势减弱。根据三峡水库上游近期来沙情况，在 21 世纪 20 年代，汛期大通站悬沙浓度比近期(2013—2018 年)平均值下降 8%时，感潮河段上游悬沙浓度下降约 3%，中下游悬沙浓度则无明显变化。

年代时间尺度上，在流域来沙量稳定的 1970—1992 年间(时期Ⅰ)，长江感潮河段(大通—江阴)可视为处于平衡状态。1992—2003 年间(时期Ⅱ)和三峡大坝开始运行后的 2003—2008 年间(时期Ⅲ)，河段年侵蚀量分别约为(65±5.0) Mt/a 和(37±2.9) Mt/a，河段年侵蚀量占江阴下游河段年输沙量的比例分别为(16.9±1.1)%和(19.1±1.2)%。从时期Ⅰ到时期Ⅱ，河段年侵蚀量的增加与上游年输沙量的减少和年径流量的增加相关。从时期Ⅱ到时期Ⅲ，河段年侵蚀量的减小与泥沙粒径的增大(主要由三峡工程引起)、年径流量的减小及潮汐条件的变化有关；而年侵蚀量占下游年输沙量比例的增加与上游输沙量的大幅下降有关。

100 年时间尺度上，考虑来沙减少时，处于初始平衡状态的简化感潮河段将调整到新的平衡状态。总体而言，对考虑的来沙变化情形，来沙量减少越大，河床侵蚀越严重。进一步考虑海平面上升后，与仅考虑来沙减少的情形相比，底床侵蚀较弱，调整较快。在考虑海平面上升的平衡状态下，底床地形随海平面上升而上升，有大量泥沙沉积到河段中。河段的地形变化和调整时间在空间上的变化与 3 个区域——河流主导区、过渡区和潮主导区的潮平均泥沙通量特征有关。运用更符合实际的长江口几何形态、径流量、潮汐条件及输沙公式，可以得到与目前观测地形基本一致的模拟结果(平衡态地形)。随着来沙的减少和海平面的上升，长江口预计会在接下来的几个世纪持续发生侵蚀。

6.2　启示与展望

(1) 本书对长江干流悬沙浓度的年际时空变化过程做了研究，总结出了典型的变化特征和主要沙源因子的贡献，在后续研究中，可以进一步细化这些变化特征和贡献在年内的表现模式和影响因素。研究过程中提出了一套半经验半理论的水库下游河道悬沙浓度恢复模型，这套方法在年际尺度上验证精度较高，后续也需要基于最新的实测数据验证该模型预测的准确性。长江三峡水库下游的河道长距离冲刷问题一直是科学界和公众关注的焦点问题，但是由于目前泥沙问题基础理论和泥沙数学模型计算关键技术仍存在瓶颈,因此以动力学模型进行中下游中长期尺度的高精度冲刷预测还存在一定的限制。本研究提出的半经验半理论方法可以作为一种数据驱动和动力过程相结合的新方法,从而为水库下游长距离冲刷的研究提供有益的思路。

(2) 本书采用历史地形数据分析了 1970—2008 年间长江感潮河段的泥沙收支平衡和冲淤特性,后利用理想设置下的数值模型分析了在来沙减少和海平面上升共同作用下的大型河口长期地形演变。后续研究对于历史地形数据分析,可考虑结合二维水沙数值模型,更深入地模拟和分析河口地形演变与变化水沙条件之间的相互作用,这样可进一步考虑如采砂、河岸工程等人类活动对整体和局部河道演变的影响,并可对未来多年的变化趋势进行预测。三峡水库蓄水后于 2010 年开始达到正常蓄水位(175 m)运行,可搜集 2008 年之后的长江地形数据进一步分析三峡正常蓄水之后长江感潮河段的地貌变化。

(3) 关于大型河口长期地貌演变的研究,首先,可考虑更实际的背景条件,例如,水沙通量的季节性变化,多个分潮,如 1/4 日分潮和太阳半日分潮。其次,可以通过利用覆盖河口邻近海域的二维模型探索河口与邻近海域的相互作用对河口地貌动力的影响。再次,可采用垂向分层的模型对河口咸淡水的混合进行考虑。此外,可进一步探讨影响河口地貌动力的内部因素,例如河岸和河床的可侵蚀性、垂向和水平方向的泥沙粒径分布及河道的几何形状。其中,在河口地貌演变中考虑泥-沙混合物及河床、河岸的可侵蚀性将是一个具有应用价值且富有挑战的课题。